TURING 图灵新知

数学女王
的邀请：
初等数论入门

[日] 远山启 —— 著　逸 宁 —— 译

初等整数論への招待

人民邮电出版社
北 京

图书在版编目（CIP）数据

数学女王的邀请：初等数论入门 ／（日）远山启著；
逸宁译. -- 北京：人民邮电出版社，2020.7
（图灵新知）
ISBN 978-7-115-53098-1

Ⅰ. ①数… Ⅱ. ①远… ②逸… Ⅲ. ①初等数论—普
及读物 Ⅳ. ①O156.1-49

中国版本图书馆CIP数据核字（2020）第002716号

内 容 提 要

本书是初等数论入门的通俗科普读本。书中以身边的生活之事为例，由
浅入深、生动形象地介绍了数的奇妙性质与规律。作者用直观、易懂的讲解，
引领读者去体会数论证明的不可思议与酣畅淋漓，并在惊奇与畅快之中提升
对数学的理解程度。本书可作为学生了解数论、提高算术能力的辅助读物，
也可作为技术人员理解计算科学的参考用书。

◆ 著　　　　［日］远山启
　　译　　　　逸　宁
　　责任编辑　武晓宇
　　装帧设计　九　一
　　责任印制　周昇亮
◆ 人民邮电出版社出版发行　北京市丰台区成寿寺路 11 号
　　邮编 100164　电子邮件 315@ptpress.com.cn
　　网址 https://www.ptpress.com.cn
　　固安县铭成印刷有限公司印刷
◆ 开本：880×1230　1/32
　　印张：7.875　　　　　　　　2020 年 7 月第 1 版
　　字数：146 千字　　　　　　2025 年 2 月河北第 21 次印刷
　　著作权合同登记号　图字：01-2017-9038 号

定价：59.80 元
读者服务热线：(010)84084456-6009　印装质量热线：(010)81055316
反盗版热线：(010)81055315

前言

在日常生活中，我们每天都离不开数。

例如，我们早上收听广播时要先把收音机调到 590 千赫等频率上，这里的 590 就是数。又如，我们要在 7 点 30 分去上学，这里的 7 和 30 也是数。再如，我们乘车需要花 30 日元购买车票，这里的 30 也是数。

数贯穿于我们日常生活中的方方面面，如影随形。恐怕在当今社会中，那些讨厌数的人可能会因此而产生心理障碍吧。

如果能扭转被数围追堵截的被动局面，主动探寻数的奥秘，你就会发现没有什么能比数更有趣了。可以说，与数打交道比玩任何游戏都好玩。

本书旨在帮助读者理解、掌握数的本质。

读者阅读本书，不需要具备深奥的预备知识，只要有初中二年级的数学水平就足够了。

在学术上，我们将挖掘蕴藏于数中的法则的研究称为"整数论"或"数论"，本书介绍的便是整数论的入门知识。

　　我们可以亲自通过计算来尽情体会整数论的乐趣。当我们发现，在自己曾一度认为索然无味的数的计算中也蕴含着不可思议的法则时，也许就再也无法忘却数的魅力了。

　　如果那些在学校里讨厌学习数学的人，能通过本书的介绍体会到整数论的乐趣，我想他们也会以此为契机喜欢上数学。

远山启

1973 年 12 月

目　录

第 1 章　数的由来与发展　　　　　　　　　　001

第 1 节　自然数 ································ 002

第 2 节　辗转相除法 ···················· 006

第 3 节　素数 ································ 030

第 4 节　分解素因数的唯一途径 ········ 038

第 2 章　各种奇妙的数　　　　　　　　　　045

第 1 节　毕达哥拉斯数组 ················ 046

第 2 节　无理数 ························· 054

第 3 节　约数之和 ······················ 061

第 4 节　完满数 ························· 071

第 3 章　数的表示方法　　　　　　　　　　081

第 1 节　十进制 ·························· 082

第 2 节　n 进制 ························· 087

第 3 节　二进制 ························· 092

第4章　日历中的数学 101

第 1 节　确定星期几·················· 102

第 2 节　同余式························ 106

第 3 节　同余式与等式··············· 111

第 4 节　同余式的发明者——高斯······· 121

第5章　同余式的威力 129

第 1 节　能被几整除?·················· 130

第 2 节　欧拉函数····················· 141

第 3 节　百五减算···················· 164

第6章　站在抽象代数学的门前 175

第 1 节　循环小数···················· 176

第 2 节　伽罗瓦的一生················ 191

第 3 节　域·························· 195

第 4 节　原根························ 205

习题参考答案·················· 211

附录·················· 239

封面、内文插画：大塚砂织

第1章

数的由来与发展

第1节 自然数

1. 自然数是无穷无尽的

在回答"盒子里有几个杯子"这个问题时，我们会从 $1, 2, 3, 4, \cdots$ 中挑选出一个数作为答案。像这样，能回答关于"有几个"的问题的数叫**自然数**[①]。

大家可能会注意到，出现在我们日常生活中的数几乎都是自然数。

$$1, 2, 3, 4, 5, \cdots, 10, \cdots, 20, \cdots$$

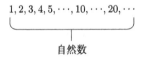

自然数

自然数是无穷无尽的。无论一个自然数有多大，只要我们耐心地不断累加 1，最终一定能得到它。

[①] 本书中自然数从 1 开始，未将 0 列入自然数。——编者注

$$1 = 1$$
$$1 + 1 = 2$$
$$1 + 1 + 1 = 3$$
$$\cdots$$

正如古人所说："千里之行，始于足下。"

如果想一目了然地观察自然数，我们可以尝试把它们排列到一条间隔均为 1 的射线上。

如图所示，射线的左端为 1，向右则是无限延伸的。

2. 自然数的加法与乘法运算

两个自然数可以进行加法运算，即任意选取两个自然数，其相加后得到的结果也是自然数。

$$1 + 1 = 2$$
$$2 + 3 = 5$$
$$\cdots$$
$$\cdots$$
$$25 + 34 = 59$$
$$\cdots$$

即，

$$\text{自然数} + \text{自然数} = \text{自然数}$$

因此，了解自然数的人可以随时自如地进行加法运算。

乘法运算与之完全相同。任意选取两个自然数进行乘法运算，其结果同样为自然数。

$$自然数 \times 自然数 = 自然数$$

3. 从自然数到整数

对于自然数的减法运算，就不能模仿前面那样来生搬硬套了。两个任意自然数并不一定总是可以进行减法运算的。例如，只知道自然数的人无法回答"2 – 5"等于多少。

为了解答这类问题，一种全新的数便应运而生，它就是负数。如果在表示自然数的射线的左端添加上 0，那么就可以得到一条向左无限延伸的射线，也就得到了一条左右都无限延伸的直线。

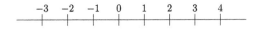

如图所示，在直线左侧的 0, – 1, – 2, – 3, ⋯ 也以相等的间距排列着。

于是，这些数以夹在二者之间的 0 为界限左右对称，整齐地排列在 0 的两侧。这些数被统称为**整数**。

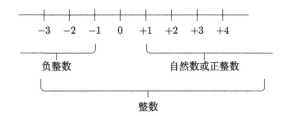

不过，0 既不是正数，也不是负数。

$$整数 = \begin{cases} 自然数（正整数）\\ 0 \\ 负整数 \end{cases}$$

第 2 节　辗转相除法

1.能够简化任意分数的约分方法

由于在学校教材中出现的分数并不复杂，所以比较容易约分。

例如 54/42，我们首先能发现公约数 2，所以第一步可以得到

$$\frac{\overset{27}{\cancel{54}}}{\underset{21}{\cancel{42}}}=\frac{27}{21}$$

此时我们又能发现公约数 3，所以可将其进一步约分成

$$\frac{\overset{9}{\cancel{27}}}{\underset{7}{\cancel{21}}}=\frac{9}{7}$$

的形式。

不过，一旦遇到稍微复杂的分数，例如 315/91，我们就不一定

能如此轻易地发现分子和分母的公约数了。

我们的确可以先找到分子和分母的最大公约数，再对分数进行约分简化。不过，还有一种更加便捷的约分方法，它就是"辗转相除法"。

下面请大家试着和我一起来思考这种方法吧。虽然我早就已经掌握了这种方法，但我不会在一开始就把它教给大家。我希望各位能自己把它想出来，因此在接下来的讲述中，我只会偶尔给出一些提示。

2. 用图形思考

为了方便大家的理解，我们可以把抽象的数的问题转移到具体的图形上来思考。

在求解 a、b 两个数的最大公约数时，我们先假想存在一个宽为 a 且长为 b 的长方形，b 比 a 长，即 $a < b$。

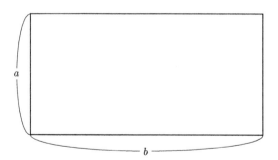

接下来请大家试着思考，如何用一些面积相同的正方形恰好将该长方形的内部空间填满。

　　我们也可以将这个问题理解为，当泥瓦匠在这块长方形地面上铺瓷砖时，要用多大尺寸的正方形瓷砖才能正好将其铺满。

　　此时，所需正方形的边长 c 便是 a 和 b 的约数，即 c 为 a 和 b 的**公约数**。

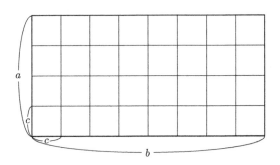

　　如果泥瓦匠能在满足上述条件的正方形瓷砖中选择面积最大的，那么他的工作就会轻松很多。

　　我们把公约数中最大的数称为**最大公约数**。

　　这样一来，问题就变成了如何找到这个最大公约数。

　　我们首先可以尝试使用各种尺寸的正方形。由于正方形越大越好，所以我们先从面积最大的入手。

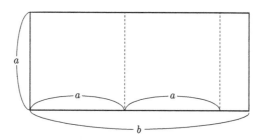

由于正方形的边长只能小于或等于 a，所以我们先用面积为 $a \times a$ 的正方形来试一试。

由左向右依次铺设，该长方形能够容纳 2 个面积为 $a \times a$ 的正方形，同时还会剩余一部分空间，因此面积为 $a \times a$ 的正方形不符合要求。

既然面积为 $a \times a$ 的正方形行不通，接下来我们就试试面积为 $\frac{a}{2} \times \frac{a}{2}$ 的正方形。

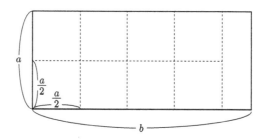

然而在这种情况下也会出现剩余，这样的正方形依然不合格。

下面我们再用面积为 $\frac{a}{3} \times \frac{a}{3}$ 的正方形继续尝试。

很遗憾，这种正方形同样不符合要求。

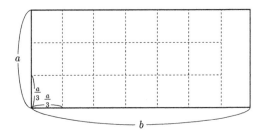

以上 3 种方法都不能满足条件，我们的尝试似乎都不太顺利。

3. 从失败中学习

在此让我们暂停尝试，试着换一种思路吧。因为"从失败中学习"才是聪明人的做法。

我们先来仔细比较一下之前导致失败的 3 个图形。

让我们把 3 个图形重叠起来试试看。

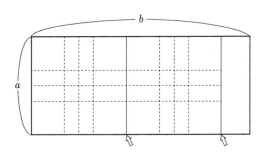

大家有没有发现什么呢?

如上页图所示，3个图形的虚线（用来填充长方形的正方形的边界线）有重合的部分。

听我这么一说，大家应该马上就能发现这一点。

虚线重合的部分，是箭头所指的那条边，即面积为 $a \times a$ 的正方形的右侧的边。

也就是说，既然虚线会在箭头标记处重合，那么无论采取哪种填充方式，我们都可以从箭头指示的位置开始。

那么，这个问题就变成了如何用面积相同的正方形填满长边为 a、短边为 $b-a$ 的长方形。长方形面积变小后就简化了原来的问题。

也就是说，即使从面积为 $a \times b$ 的长方形上剪掉一个面积为 $a \times a$ 的正方形，要解决的问题也不会发生变化。

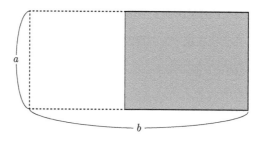

在此基础上，我们可以继续剪掉一个面积为 $a \times a$ 的正方形。

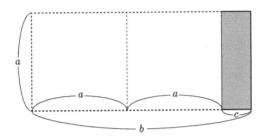

如图所示，我们将得到一个细长、竖直的长方形（水平方向的边短于竖直方向的边），即通过进行

$$a)\overline{\begin{matrix} 2 \\ b \end{matrix}} \\ \underline{2a} \\ c$$

的运算，得到了一个长边为 a、短边为 c 的长方形。

如此一来，问题就变成了如何用面积相同的正方形填满这个新的长方形。由于现在这个长方形的较短边是 c，所以我们从中剪掉面积为 $c \times c$ 的正方形。

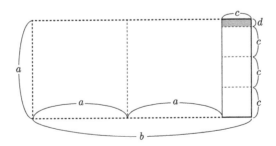

减掉 $c \times c$ 的正方形后，长边 a 被短边 c 分割后剩余 d，

$$c \overline{)\begin{array}{c} 3 \\ a \end{array}} $$
$$\begin{array}{c} 3c \\ \hline d \end{array}$$

由此得到了短边为 d、长边为 c 的长方形。

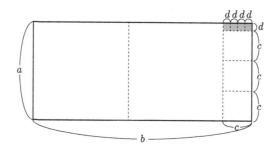

在此基础上，我们再从该长方形中剪掉面积为 $d \times d$ 的正方形，

$$d \overline{)\begin{array}{c} 4 \\ c \end{array}} $$
$$\begin{array}{c} 4d \\ \hline 0 \end{array}$$

我们会发现，面积为 $d \times d$ 的正方形正好填满了这个长方形。

综上所述，用面积为 $d \times d$ 的正方形可以恰好填满最初面积为 $a \times b$ 的长方形。

这种方法就叫作辗转相除法。

4. 用辗转相除法求最大公约数

让我们假设 $a = 91, b = 210$。

$$
\begin{array}{r} 2 \\ 91\overline{)210} \\ 182 \\ \hline 28 \end{array}
\quad \rightarrow \quad
\begin{array}{r} 3 \\ 28\overline{)91} \\ 84 \\ \hline 7 \end{array}
\quad \rightarrow \quad
\begin{array}{r} 4 \\ 7\overline{)28} \\ 28 \\ \hline 0 \end{array}
$$

那么此时，在最后一步实现了整除的除数 7，这就是 91 和 210 的最大公约数。

使用一种新的符号表示最大公约数会方便一些。

于是，我们用 (a, b) 来表示整数 a 和 b 的最大公约数。

那么，利用这个符号对该问题进行求解的过程便如下所示。

$$(91, 210) = (91, 28) = (7, 28) = 7$$

下面让我们试着求出 185 和 111 的最大公约数吧。

首先，用 185 除以 111。

$$
\begin{array}{r} 1 \\ 111\overline{)185} \\ 111 \\ \hline 74 \end{array}
$$

接下来就要求余数 74 和 111 的最大公约数。由于我们无法一眼就看出答案，所以此时还需再次进行除法运算。

$$(185, 111) = (74, 111)$$

这次我们用数值较小的 74 去除数值较大的 111。

$$74\overline{)111}$$
$$\underline{74}$$
$$37$$

接下来问题就变成了寻找 37 和 74 的最大公约数，显然答案为 37，因为 74 可以被 37 整除。

$$37\overline{)74}$$
$$\underline{74}$$
$$0$$

$$(185, 111)$$
$$\downarrow$$
$$= (74, 111)$$
$$\downarrow$$
$$= (74,\ 37)$$
$$= 37$$

习题 01 **请使用辗转相除法求解下列各组数的最大公约数。**

(1) (95, 57)　　(2) (138, 46)　　(3) (116, 87)　　(4) (63, 105)

(5) (51, 85)　　(6) (216, 32)　　(7) (39, 91)　　(8) (48, 102)

(9) (68, 204)　(10) (72, 120)　(11) (82, 123)　(12) (35, 49)

（参考答案见本书第 211 页）

如果在进行了第 2 次除法运算后仍未发现最大公约数，那么可以继续尝试第 3 次、第 4 次……由于除法运算会使数变得越来越小，所以求解的过程也应该会逐渐变得简单起来。

例如，要求出 259 和 189 的最大公约数，也就是求解 $(259, 189)$。

$$
189 \overline{)\begin{array}{c} 1 \\ 259 \\ 189 \\ \hline 70 \end{array}} \rightarrow 70 \overline{)\begin{array}{c} 2 \\ 189 \\ 140 \\ \hline 49 \end{array}} \rightarrow 49 \overline{)\begin{array}{c} 1 \\ 70 \\ 49 \\ \hline 21 \end{array}} \rightarrow 21 \overline{)\begin{array}{c} 2 \\ 49 \\ 42 \\ \hline 7 \end{array}} \rightarrow 7 \overline{)\begin{array}{c} 3 \\ 21 \\ 21 \\ \hline 0 \end{array}}
$$

$(259, 189)$

$= (70, 189)$

$= (70, 49)$

$= (21, 49)$

$= (21, 7)$

$= 7$

因为 $(21, 7)$ 中的 21 可以被 7 整除，所以 7 就是 259 和 189 的最大公约数。

因此，$(259, 189) = 7$。

这种利用两个数相除以求解最大公约数的方法就叫作**辗转相除法（欧几里得算法）**。

习题 02 请使用辗转相除法求解下列各组数的最大公约数。

$(69, 105)$ $(49, 56)$ $(38, 95)$ $(27, 93)$ $(42, 102)$

（参考答案见本书第 211 页）

使用辗转相除法，不管是多么大的数，我们都能找到它们的最大公约数。

5. 从分数的角度理解辗转相除法

为了更容易地理解辗转相除法，我们也可以试一试下面的思路。

在求解 91 和 210 的最大公约数时，大家不妨将其看作对分数 210/91 进行约分。

此时，让我们先把这个假分数转化成带分数。

$$\frac{210}{91} = 2 + \frac{28}{91}$$

通过除法运算可以得出以下结果。

$$
\begin{array}{r}
2 \\
91\overline{)210} \\
\underline{182} \\
28
\end{array}
$$

在此，对 28/91 进行约分，这等同于对其倒数 91/28 进行约分。

由于 91/28 也是一个假分数，所以先将其转化成带分数。

$$\frac{91}{28} = 3 + \frac{7}{28}$$

同理，再次对 28/7 进行约分。

$$\frac{28}{7} = 4$$

由此可知，7 就是它们的最大公约数。

而且，7 也是 91 和 210 的最大公约数。

$$\frac{\overset{30}{\cancel{210}}}{\underset{13}{\cancel{91}}} = \frac{30}{13}$$

习题 03 请根据上述方法，求解下列各组数的最大公约数。

(1) (677, 263) (2) (48, 58) (3) (91, 56) (4) (60, 112)

(5) (72, 100)

（参考答案见本书第 211 页）

这种辗转相除法与大家以往在学校学习的方法有所不同。

下面就让我们以求解 36 和 60 的最大公约数 (36, 60) 为例，试着对这两种方法进行比较吧。

辗 转 相 除 法	一 般 方 法
除数为 12 时除后没有余数，因此 12 是这两个数的最大公约数。	$$\begin{array}{r} 2\,)\,60 \quad 36 \\ 2\,)\,30 \quad 18 \\ 3\,)\,15 \quad 9 \\ \hline 5 \quad 3 \end{array}$$ 由于 5 和 3 的公约数只有 1，所以运算到此为止。此时，左侧 2、2、3 的乘积就是两数的最大公约数。 $2 \times 2 \times 3 = 12$

使用一般方法求取 60 和 36 的最大公约数时，我们需要知道这两个数有哪些共同的约数。这一点在 100 以内的数中比较容易实现，而一旦遇到数值较大的数就比较困难了，例如求解 221 和 493 的最大公约数。

$$)\ 221 \qquad 493$$

如果使用一般的求解方法，那么我们虽然可以按照以上格式开始计算，却无法轻易找出这两个数的公约数。

而辗转相除法则与之不同，只要机械地重复除法运算就能得到答案。

由此可知，221 和 493 的最大公约数为 17。如果使用一般的方法，那么我们是很难发现这两个数存在 17 这个约数的。

以上的例子也告诉我们，辗转相除法是一种简便高效的方法。

6. 求解三个以上的数的最大公约数

前面我们思考了求解两个数的最大公约数的方法。

下面就让我们试着探究求解三个以上的数的最大公约数的方法吧。

例如，我们用 $(56, 84, 98)$ 表示 56、84、98 的最大公约数，在此可以继续沿用求解两个数的最大公约数时的方法。

首先，通过辗转相除法计算 $(56, 84)$。

$$
\begin{array}{r} 1 \\ 56\overline{)84} \\ 56 \\ \hline 28 \end{array}
\qquad
\begin{array}{r} 2 \\ 28\overline{)56} \\ 56 \\ \hline 0 \end{array}
$$

由计算可得，$(56, 84) = 28$

然后，继续使用辗转相除法计算 28 和 98 的最大公约数 $(28, 98)$。

$$
\begin{array}{r} 3 \\ 28\overline{)98} \\ 84 \\ \hline 14 \end{array}
\qquad
\begin{array}{r} 2 \\ 14\overline{)28} \\ 28 \\ \hline 0 \end{array}
$$

因此，$(28, 98) = 14$

综上所述，$(56, 84, 98) = 14$

此外还有一种更简单的方法。

为了方便大家理解这种方法，我们先来思考一下包含 0 的情况。

例如，$(24, 0)$ 等于多少呢?

首先，所有整数都是 0 的约数。

$$1 \times 0 = 0$$
$$2 \times 0 = 0$$
$$\cdots$$

因此，$(24, 0)$ 应该等于 24。

$$(24, 0) = 24$$

也就是说，当括号内出现 0 时可以将其忽略。

同理可得，

$$(24, 0, 0) = 24$$
$$(0, 24, 0) = 24$$

我们要做的就是将此规律铭记于心，尽量让 0 出现在括号内。

$$(56, 84, 98)$$

首先，用另外两个数除以数值最小的 56。

$$
\begin{array}{r}
1 \\
56\overline{)84} \\
56 \\
\hline
28
\end{array}
\qquad
\begin{array}{r}
1 \\
56\overline{)98} \\
56 \\
\hline
42
\end{array}
$$

于是，

$$(56, 84, 98) = (56, 28, 98) = (56, 28, 42)$$

然后，再用新得到的这组数中的另外两个数除以数值最小的 28。

$$\begin{array}{r} 2 \\ 28\overline{)56} \\ 56 \\ \hline 0 \end{array} \qquad \begin{array}{r} 1 \\ 28\overline{)42} \\ 28 \\ \hline 14 \end{array}$$

$$(56, 28, 42) = (0, 28, 14)$$

此时，我们去掉括号中的 0。

$$(0, 28, 14) = (28, 14)$$

最后，用数值较大的 28 除以数值较小的 14。

$$\begin{array}{r} 2 \\ 14\overline{)28} \\ 28 \\ \hline 0 \end{array}$$

$$(28, 14) = (0, 14) = 14$$

例 求解 $(60, 45, 40, 36)$。

解 首先用另外三个数除以数值最小的 36。

$$\begin{array}{r} 1 \\ 36\overline{)60} \\ 36 \\ \hline 24 \end{array} \qquad \begin{array}{r} 1 \\ 36\overline{)45} \\ 36 \\ \hline 9 \end{array} \qquad \begin{array}{r} 1 \\ 36\overline{)40} \\ 36 \\ \hline 4 \end{array}$$

$$(60, 45, 40, 36) = (24, 9, 4, 36)$$

再用这组数中的另外三个数除以数值最小的 4。

$$
\begin{array}{r} 6 \\ 4\overline{)24} \\ 24 \\ \hline 0 \end{array}
\quad
\begin{array}{r} 2 \\ 4\overline{)9} \\ 8 \\ \hline 1 \end{array}
\quad
\begin{array}{r} 9 \\ 4\overline{)36} \\ 36 \\ \hline 0 \end{array}
$$

$$(24, 9, 4, 36) = (0, 1, 4, 0) = (1, 4)$$

最后再用数值较大的 4 除以数值较小的 1。

$$
\begin{array}{r} 4 \\ 1\overline{)4} \\ 4 \\ \hline 0 \end{array}
$$

$$(1, 4) = (1, 0) = 1$$

习题 04 求解下列各组数的最大公约数。

(1) $(8, 18, 39)$ (2) $(121, 704, 308)$

(3) $(45, 69, 87)$ (4) $(51, 68, 102)$

(5) $(27, 48, 62, 75)$ (6) $(32, 54, 86, 94, 132)$

（参考答案见本书第 212 页）

7. 最大公约数的性质

假定有一个宽为 a、长为 b 的长方形，此时 a 与 b 的最大公约数为 d。

024

$$(a,b) = d$$

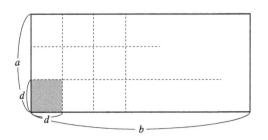

在此，让我们将面积为 1×1 的正方形的边长分成 m 等份。

然后，用面积为 $\frac{1}{m} \times \frac{1}{m}$ 的正方形去填满这个长方形。

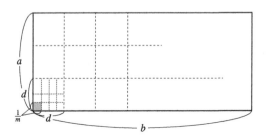

于是，长方形的宽可以用 am、长可以用 bm 表示。

那么此时它们的最大公约数则为 dm，即

$$(am, bm) = dm$$

由于 $d = (a, b)$，因此我们可以得出以下定理。

定理 01 $(am, bm) = (a, b)m$

例 假设 $a = 8, b = 18, m = 5$，请尝试验证定理 01。

解 左边为

$$(am, bm) = (8 \cdot 5, 18 \cdot 5) = (40, 90)$$

使用辗转相除法计算如下。

$$
\begin{array}{r}
2 \\
40\overline{)90} \\
\underline{80} \\
10
\end{array}
\qquad
\begin{array}{r}
4 \\
10\overline{)40} \\
\underline{40} \\
0
\end{array}
$$

$$(am, bm) = 10$$
$$(a, b) = (8, 18)$$

根据辗转相除法可知

$$
\begin{array}{r}
2 \\
8\overline{)18} \\
\underline{16} \\
2
\end{array}
\qquad
\begin{array}{r}
4 \\
2\overline{)8} \\
\underline{8} \\
0
\end{array}
$$

$$(a, b) = 2$$

右边为

$$(a, b)m = (8, 18) \times 5 = 2 \cdot 5 = 10$$

因此，左边 = 右边。

026

习题 05 分别将以下各数值代入 a, b, m 中，来验证定理 01。

	(1)	(2)	(3)	(4)	(5)	(6)	(7)
a	6	12	25	45	15	27	54
b	8	21	35	63	19	39	48
m	9	4	6	8	3	2	5

（参考答案见本书第 213 页）

8. 公约数与最大公约数的关系

假设两个整数的任意公约数为 c。当然，c 肯定不会大于这两个数的最大公约数 (a, b)。

因此，

$$c \leqslant (a, b)$$

（注：$\leqslant$ 表示该符号的左边小于或等于右边）

除此之外，c 和 (a, b) 还有什么关系呢？

例如 $a = 12, b = 18$ 时，$(12, 18) = 6$。

$a = 12$ 时，其约数为 $1, 2, 3, 4, 6, 12$。

$b = 18$ 时，其约数为 $1, 2, 3, 6, 9, 18$。

因此，a 与 b 的公约数为 $1, 2, 3, 6$。

也就是说，公约数 $1, 2, 3, 6$ 都是 $(12, 18) = 6$ 的约数。

这个性质对所有整数对 a, b 都成立。

定理 02   两个整数 a 和 b 的任意公约数，为其最大公约数 (a, b) 的约数。

证明：

如果 a 和 b 的任意公约数为 c，那么可以将 a 和 b 及 (a, b) 分别表示为

$$a = a'c, b = b'c$$

$$(a, b) = (a'c, b'c)$$

根据定理 01 可知

$$(a'c, b'c) = (a', b')c$$

因为 (a', b') 为整数，所以 c 为 (a, b) 的约数。（**证明完毕**）

习题 06   **求解下列各组数的所有公约数。**

(1) 30,66   (2) 49,63   (3) 18,35   (4) 90,75   (5) 49,84

（参考答案见本书第 213 页）

当 a, b 的最大公约数为 1，即当

$$(a, b) = 1$$

时，我们称 a 与 b 互素（互质）。

例如 3 和 5、6 和 11 等都互素。

定理 03 当 a 和 b 互素时，如果 bc 能被 a 整除，那么 c 也能被 a 整除。

证明：

因为 a, b 互素，所以 $(a, b) = 1$，又因为 bc 能被 a 整除，所以 bc 为 a 与某个整数 d 的乘积。

$$bc = ad$$

由 $(a, b) = 1$ 可知，

$$(ac, bc) = 1c = c$$

将 $bc = ad$ 代入后可得

$$(ac, bc) = (ac, ad) = c$$
$$a(c, d) = c$$

因为 (c, d) 也必为整数，所以 c 能被 a 整除。（**证明完毕**）

定理 04 如果 $(a,b)=1, (a,c)=1$，那么 $(a,bc)=1$。

证明：

因为

$$(a,ac)=a$$

所以

$$(a,bc)=((a,ac),bc)=(a,(ac,bc))$$
$$=(a,(a,b)c)=(a,c)=1 \text{（证明完毕）}$$

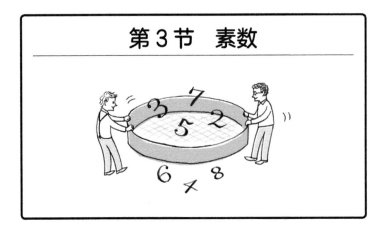

1.乘法世界中的"元素"

如果逐步分解加法运算，那么所有自然数最终都可以被分解为若干个1。

$$6 = 1 + 1 + 1 + 1 + 1 + 1$$

然而，如果对乘法运算进行分解，结果将会完全不同。

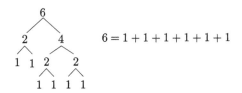

$$6 = 2 \cdot 3$$

$$18 = 2 \cdot 3 \cdot 3$$

如上页图所示，2 和 3 无法被继续分解成更小的约数。

这种除了 1 和它本身以外不再具有其他约数的整数叫作**素数**（质数）。

不过，1 不是素数，因为它只有 1 个约数。我会在后面的内容中为大家讲解把 1 排除在素数之外的原因（第 39 页）。

素数的"素"字是元素的"素"。化学中的元素可以说是构成物质的单元。

例如 H（氢）、O（氧）、C（碳）等都是元素。水的化学式写作 H_2O，硫酸的化学式写作 H_2SO_4。与这些元素构成的化学式相似，整数也可以用多个素数的乘积来表示，如 $6 = 2 \cdot 3$、$18 = 2 \cdot 3 \cdot 3$ 等。

也就是说，素数就像乘法世界中的"元素"一样。

2. 寻找素数的方法

有一种能找到素数的简便方法叫作**埃拉托色尼筛选法**。首先，我们需要按照 $1, 2, 3, \cdots$ 的顺序依次将数列出来。

	1	2	3	4	5	6	7	8	9	10	11	12	13	14	15	16	17	……
	×	○																
2		○	○	×		×		×		×		×		×		×		
3			○		○	×			×			×			×			
5					○		○			×					×			
7							○							×				

素数 ↓

由于 2 最先符合素数条件，所以它是第一个素数。然后，我们要在保留 2 的同时逐一筛除 2 的 2 倍、3 倍、4 倍……

这时，在剩下的数中，3 是下一个素数，所以我们同样要逐一筛除 3 的倍数。

此时，在剩下的数中，5 是下一个素数，我们也要筛除 5 的倍数。

再下一个素数为 7。

从 1 写到 100，在筛除掉 7 的倍数后，我们就能找到 100 以下的所有素数。它们共有 25 个。

2, 3, 5, 7, 11, 13, 17, 19, 23, 29, 31, 37, 41, 43, 47, 53, 59, 61, 67, 71, 73, 79, 83, 89, 97

如此逐一筛除素数的倍数，最终剩下的就是我们要找的素数，所以这种方法才被冠以"筛选"之名。

无论一个素数有多大，我们都能用这个"筛子"找到它。例如，要找出小于 1000 的素数，只要筛除小于及等于 31 的素数的倍数就行了。

为什么是 31 呢？如果 a 是小于 1000 的非素数，那么它可以分解为两个数的乘积。

$$a = bc$$

在此假设 b 的数值不超过 c。

$$b \leqslant c$$

把 $a = bc$ 中的 c 替换成 b 后可以得到如下结果。

$$a = bc \geqslant b^2$$
$$b \leqslant \sqrt{a} < \sqrt{1000} = 31.6 \cdots$$

因此，a 必然为小于或等于 31 的数的倍数，所以寻找小于 1000 的素数只需筛除小于及等于 31 的素数的倍数就可以了。

一般来说，只要筛除 $\sqrt{N}$ 以内的所有素数的倍数，就能找到 N 以内的全部素数了。

因此，要想找到 10000 以内的素数，只要筛除掉 $\sqrt{10000} = 100$ 以内的素数的倍数就可以了。

"埃拉托色尼筛选法"的名字源于提出该方法的古希腊数学家埃拉托色尼（公元前 3 世纪左右）。

埃拉托色尼是古希腊的学者，同时也是一位著名的地理学家，由他绘制的地图甚至被保留到了现在。

3. 证明"素数有无穷多个"——反证法

从最轻的元素 H（氢）到最重的放射性元素，化学元素大约共有 100 种。虽然它们的种类繁多，但总归是数量有限，所以学习起来相对轻松。

如果数的元素——素数的个数也是有限的，那么问题就会比较简单了，然而实际情况并非如此。

也就是说，**素数有无穷多个**。

公元前 3 世纪，古希腊的欧几里得首次证明了素数的这一性质。

欧几里得使用了一种非常有趣的证明方法，这种方法被称为**反证法**，我们在研究数学问题时会经常用到它。

下面让我来举一个具体的例子。

如下图所示，一条路在途中分出了 3 条岔路。

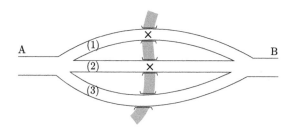

一辆汽车从 A 地出发，目的地为 B 地。我们不知道它的行驶路线，但知道 (1) 和 (2) 两条道路上的桥塌了，汽车无法通行，所以可以推断当时汽车肯定是从 (3) 号道路通过的。

这种情况下，无须直接验证，也能知晓真相。

$$\begin{cases} (1) & \times \\ (2) & \times \\ (3) & ? \end{cases}$$

当从 (1)、(2)、(3) 中进行"三选一"时，如果否定了 (1) 和 (2)，那么 (3) 必然成为被选择的对象。

在犯罪侦查中也可以利用该方法。当锁定了 (1)、(2)、(3) 为犯罪嫌疑人时，如果 (1) 和 (2) 有不在场证明，那么 (3) 应该就是真正的罪犯。

这种方法同样适用于只有两个选项的情况。

欧几里得把素数的个数分成了以下两种情况。

$$\text{素数的个数} \begin{cases} (1) & \text{有限} \\ (2) & \text{无穷} \end{cases}$$

他首先对情况 (1) 进行了验证。

也就是说，他先假设"素数的个数是有限的"。

假设素数的个数有限，其全部个数为 n，那么它们从小到大可依次排列为 $p_1=2, p_2=3, \cdots, p_n$，除此之外应该不存在其他素数。

接下来，欧几里得提出了"$p_1 \cdot p_2 \cdot p_3 \cdot \cdots \cdot p_n + 1$"这个整数。该整数除以 $p_1, p_2, \cdots, p_n$ 中的任意一个素数所得的余数都是 1。也就是说，该整数无法被 $p_1, p_2, \cdots, p_n$ 中的任意一个素数整除。

所以，$p_1 \cdot p_2 \cdot p_3 \cdot \cdots \cdot p_n + 1$ 的素因数（质因数）必然为 $p_1, p_2, \cdots, p_n$ 之外的数，这与在 $p_1, p_2, \cdots, p_n$ 以外没有素数的假设是矛盾的。

因此，

$$素数的个数 \begin{cases} (1) \quad 有限 \quad \times \\ (2) \quad 无穷 \end{cases}$$

证明结果只能为"(2) 无穷"。

---

4. 素数的分布与孪生素数

我们已经知道素数有无穷多个，那么它们是如何分布的呢?

即便在 1 到 100 之间，素数的分布也是毫无规律的。两个素数的间隔五花八门，比如间隔为 2、4、6、8 等。

1000 以内的素数分布就更加不规律了。

例如 887 和 907 的间隔为 20，而 881 和 883 的间隔则仅为 2。

也就是说，素数的数值越大，其分布就越不规律。这也是数学领域的一大研究课题。

素数表中包含了很多像

$$(5, 7), (11, 13), (17, 19), \cdots$$

这样相差 2 的素数对。我们将这类素数称为孪生素数（孪生质数）。

习题 07

(1) 找出 1 到 1000 之间的孪生素数。

(2)11，13，17，19 这四个素数的间隔为 2、4、2，除此之外是否还存在类似的素数?

（参考答案见本书第 213 页）

第4节 分解素因数的唯一途径

1. 证明"分解素因数的唯一性"

定理 05 如果 a 和 b 无法被素数 p 整除，那么其乘积 ab 也无法被 p 整除。

证明：

假设 ab 能被 p 整除，因为 $(a, p) = 1$，则根据定理 03（第 28 页）可知，b 必然能被 p 整除。然而，这与 b 无法被 p 整除的已知条件矛盾。

所以，ab 不能被 p 整除。（**证明完毕**）

因此，当 $a, b, c, \cdots$ 都不能被 p 整除时，其乘积 $abc \cdots$ 也无法被 p 整除。

在此，我们已经为证明"分解素因数的方法只有一种（即唯一性）"做好了准备工作。

我们先假设 n 有两种分解方法。

$$n = p_1 \cdot p_2 \cdot \cdots \cdot p_l$$
$$n = q_1 \cdot q_2 \cdot \cdots \cdot q_m$$

消去相同的部分后，等式为

$$p_1 \cdot p_2 \cdot \cdots \cdot p_r = q_1 \cdot q_2 \cdot \cdots \cdot q_s$$

此时，假设左边的素数 $p_1 \cdot p_2 \cdot \cdots \cdot p_r$ 和右边的素数 $q_1 \cdot q_2 \cdot \cdots \cdot q_s$ 各不相同，那么根据定理 05，因为 $q_1 \cdot q_2 \cdot \cdots \cdot q_s$ 能被 p_1 整除，所以 $q_1 \cdot q_2 \cdot \cdots \cdot q_r$ 中的某个素数必然能被 p_1 整除。

也就是说，$q_1 \cdot q_2 \cdot \cdots \cdot q_s$ 中包含 p_1，这与假设条件是矛盾的，所以上述等式不成立。

因此，逐一删除等式两边相同的素数，我们最终可以得到以下等式。

$$1 = 1$$

也就是说，等式两边的素数从一开始就是完全相同的。

定理 06　将正整数分解成多个素数乘积的方法只有一种（分解素因数的唯一性）。

（注：如果把 1 也纳入到素数中，唯一性就不成立了。

因为可以像下面这样可写出无数种分解方法。

$$6 = 2 \cdot 3 = 1 \cdot 2 \cdot 3 = 1 \cdot 1 \cdot 2 \cdot 3 = \cdots$$

因此，1 不属于素数。）

这一重要定理被称为初等数论的基本定理（算术基本定理）。

2. 大数的素因数分解

掌握了对整数进行分解素因数的方法后，整数的性质就显而易见了。

想要对数值较大的数进行分解素因数并不是一件容易的事。

不过，如果能利用附录中的"最小素因数表"，问题就会变得简单许多。由于个位是偶数或是 5 的数明显有素因数 2 或 5，所以我将这些数排除后，制成了 4599 以内的数的最小素因数表。

因此，例如我们想要对 2303 进行分解素因数，那么通过查阅该表就能获知，它有素因数 7。

于是，用 2303 除以 7。

$$2303 \div 7 = 329$$

然后再在该表中查到 329 有素因数 7。

$$329 \div 7 = 47$$

由此可知，对 2303 进行分解素因数的结果为

$$2303 = 7 \cdot 7 \cdot 47 = 7^2 \cdot 47$$

习题 08 利用附录中的"最小素因数表"，制作从 1 到 1000 的素因数分解表。

（参考答案见本书第 214 页）

3. 公倍数与最小公倍数

一个整数的约数是有限的。例如，6 有 4 个约数，分别为 1，2，3，6。

不过，6 的倍数却有无穷多个。

$$6, 12, 18, 24, 30, \cdots$$

我们将两个数共同的倍数称为它们的**公倍数**。例如，12 和 18 的公倍数是其各自的倍数集合中相同的数。

■ 12 的倍数

$$12, 24, 36, 48, 60, 72, 84, 96, 108, \cdots$$

■ 18 的倍数

$$18, 36, 54, 72, 90, 108, \cdots$$

◎ 相同的部分为

$$36, 72, 108, \cdots$$

这些数就是 12 和 18 的公倍数。

我们将公倍数中最小的数称为这些整数的**最小公倍数**。

在上述例子中，12 和 18 的最小公倍数为 36。

大家在进一步观察上面的例子时也许会发现，12 和 18 的公倍数似乎都是其最小公倍数 36 的倍数。事实果真如此吗？

为证明以上推测的正确性，我们可以先来验证下面的事实。

定理 07) 一个数的倍数的和与差，仍为该数的倍数。

证明：

假设该数为 n，其倍数为 a 和 b。

因为 a 和 b 均为 n 的倍数，所以可以将其表示为 $a = a'n$, $b = b'n$。

当然，这里的 a' 和 b' 也是整数。a 和 b 的和与差如下。

$$a + b = a'n + b'n = (a' + b')n$$
$$a - b = a'n - b'n = (a' - b')n$$

因为 a' 和 b' 均为整数，所以 $a' + b'$ 和 $a' - b'$ 也均为整数。

因此，根据上面的等式可知，$a + b$ 和 $a - b$ 均为 n 的倍数。

（证明完毕）

a 和 b 的最小公倍数用 $[a, b]$ 来表示。

在此，我们来用除法运算证明如下定理。

定理08 a 和 b 的公倍数，是 a 和 b 的最小公倍数 $[a, b]$ 的倍数。

证明：

假设 $[a, b] = k$，a 和 b 的某个公倍数为 m，那么用 m 除以 k 则可得到如下结果。

$$m = sk + r$$

其中 s 为商，r 为余数，所以 r 必然小于 k。

因为 m 和 k 均为 a 的倍数，所以 sk 也是 a 的倍数，它们的差 $m - sk = r$ 也是 a 的倍数。

同理可知，r 也是 b 的倍数，所以 r 为 a 和 b 的公倍数。由于 k 是 a 和 b 的最小公倍数，所以小于 k 的公倍数只能为 0。

即

$$r = 0$$

因此，

$$m = sk$$

由此可知，m 为 k 的倍数。（**证明完毕**）

综上所述，在求解两个数的公倍数时，只要先求出二者的最小公倍数，再求其倍数就可以了。

习题 09　证明 $[am, bm]=[a, b]m$。

（参考答案见本书第 214 页）

第 2 章

各种奇妙的数

第 1 节　毕达哥拉斯数组

1. 毕达哥拉斯定理与毕达哥拉斯数组

大家都知道"毕达哥拉斯定理"[①] 吧？

它是历史上最著名的定理。

定理 09　以直角三角形的两条直角边为边长的正方形的面积之和，等于以其斜边为边长的正方形的面积。

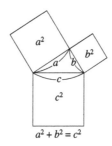

$$a^2 + b^2 = c^2$$

[①] 即勾股定理。——编者注

具有这种关系的三个整数，特别是正整数的例子包括 3、4、5 和 5、12、13 等。

$$3^2 + 4^2 = 5^2$$
$$5^2 + 12^2 = 13^2$$

符合这种关系的三个整数的组合，就被称为毕达哥拉斯数组 [1]。

下面就让我们来找出所有具有这种关系的三个整数的组合吧。

2. 寻找毕达哥拉斯数组的方法

我们先来观察下面的式子。

$$x^2 + y^2 = z^2$$

首先，我们假设已经约掉了这三个数的公约数。那么，在 x 和 y 中，必有一方为奇数而另一方为偶数。如果双方均为偶数，那么 z 也为偶数，它们将具有相同的约数 2，这与最初的假设矛盾。

另外，如果 x 和 y 均为奇数，那么 z 应该为偶数。

假设

$$x = 2a + 1$$
$$y = 2b + 1$$

---

① 即勾股数组。——编者注

那么

$$x^2 + y^2 = (2a+1)^2 + (2b+1)^2$$
$$= 4a^2 + 4a + 1 + 4b^2 + 4b + 1$$
$$= 4(a^2 + a + b^2 + b) + 2$$

由此可知，$x^2 + y^2$ 能被 2 整除，但无法被 4 整除。

然而，因为 z 为偶数，所以 z^2 应该能被 4 整除，因此 x 和 y 不能同时为奇数。

综上所述，在 x 和 y 中，应该有一方为奇数而另一方为偶数。

那么，假设 x 为奇数而 y 为偶数。

通过移项可得

$$y^2 = z^2 - x^2 = (z+x)(z-x)$$

由于 z 和 x 均为奇数，所以 $z + x$ 和 $z - x$ 均为偶数。等式两边同时除以 4，可得

$$\frac{y^2}{4} = \frac{1}{4}(z+x)(z-x)$$
$$(\frac{y}{2})^2 = \frac{z+x}{2} \cdot \frac{z-x}{2}$$

这里的 $\frac{z+x}{2}$ 和 $\frac{z-x}{2}$ 均为整数，而且它们互素。假设它们能被相同的素数 p 整除。

$$\frac{z+x}{2} = ps$$
$$\frac{z-x}{2} = pt$$

等式左右两边分别相加，结果为 $z = ps + pt = p(s + t)$。

等式左右两边分别相减，结果为 $x = ps - pt = p(s - t)$。

也就是说，x 和 z 有相同的约数 p，这与二者互素的最初假设矛盾。因此，$\frac{z+x}{2}$ 和 $\frac{z-x}{2}$ 互素。

假设对这两个数素因数分解的结果如下：

$$\frac{z+x}{2} = p_1{}^{\alpha_1} p_2{}^{\alpha_2} \cdots$$
$$\frac{z-x}{2} = q_1{}^{\beta_1} q_2{}^{\beta_2} \cdots$$

这里的 $p_1, p_2, \cdots$ 和 $q_1, q_2, \cdots$ 不存在相同的部分。不过，由等式左边为 $\left(\frac{y}{2}\right)^2$ 可得

$$s_1{}^{2\gamma_1} s_2{}^{2\gamma_2} \cdots$$

根据分解素因数的唯一性，$\frac{z+x}{2}$ 和 $\frac{z-x}{2}$ 的指数应该均为偶数。也就是说，两者可以如下表示。

$$\frac{z+x}{2} = p_1^{2\alpha_1} p_2^{2\alpha_2} \cdots = (p_1^{\alpha_1} p_2^{\alpha_2} \cdots)^2 = m^2$$
$$\frac{z-x}{2} = q_1^{2\beta_1} q_2^{2\beta_2} \cdots = \left(q_1^{\beta_1} q_2^{\beta_2} \cdots\right)^2 = n^2$$

当然，等式中的 m 和 n 互素。

因为

$$\left(\frac{y}{2}\right)^2 = m^2 n^2$$

$$\frac{y}{2} = mn$$

$$y = 2mn$$

$$\frac{z+x}{2} = m^2$$

$$\frac{z-x}{2} = n^2$$

所以可得

$$z = m^2 + n^2$$

$$x = m^2 - n^2$$

并且由于 x 为奇数，所以 m 和 n 中必有一方为奇数。

这时，可以得出下面的定理。

（定理 10） $x^2 + y^2 = z^2$ 的互素正整数解可表示为

$$x = m^2 - n^2$$

$$y = 2mn$$

$$z = m^2 + n^2$$

这里的 m 和 n 互素，二者不能同为奇数。

只要选取符合上述条件的所有 m 和 n 的组合，通过计算就能得到所有满足 $x^2 + y^2 = z^2$ 的 x、y、z 的正整数组合。

在此代入若干 m 和 n 的值，通过计算 x、y、z 的值就可以得到以下结果。

m	n	x	y	z
2	1	3	4	5
3	2	5	12	13
4	1	15	8	17
4	3	7	24	25
5	2	21	20	29
5	4	9	40	41

通过制作这样的表格我们会发现，表格中的组合可以有无数个。也就是说，$x^2 + y^2 = z^2$ 有无穷多个整数解。

3. 从毕达哥拉斯数组到费马猜想

那么，当 2 次方变成 3 次方时，情况又会如何呢?

$$x^3 + y^3 = z^3$$

在此方程式中，除了 $x = 0, y = z$ 等极端的解之外，显然不会出现所有解都非 0 的情况。不仅进行 3 次方运算时会出现这样的状况，4 次方、5 次方也同样如此。

一般来说，当 n 为大于 2 的整数时，$x^n + y^n = z^n$ 似乎并没有正整数解。这就是费马（1607 或 1608—1665）[①] 提出的猜想。

---

① 费马的出生日期一直以来被定为 1601 年，但 2001 年发现的资料显示，其出生日期应为 1607 年年底到 1608 年年初之间。

费马

　　费马猜想尚未完全得到证明。[①] 这是数学领域内难题中的难题。

　　听我这么一说，想必一定会有读者被激发出斗志，试图向这个难题发起挑战。大家能具有这样的勇气的确非常令人欣慰。

　　不过我想提醒大家的是，这并非能用一般方法解决的难题，其难度甚至可以匹敌攀登珠穆朗玛峰。

　　穿着木屐和便服是无法登顶珠峰的。正如攀登珠峰需要携带氧气瓶等专业的工具一样，证明费马猜想也必须使用现代数学领域中最先进的"工具"。

　　因此，我虽然非常想鼓励大家去挑战这一难题，但也并不赞成

---

① 本书写于 1973 年。费马猜想的证明于 1994 年由英国数学家安德鲁·怀尔斯完成，遂称费马大定理。

赤手空拳的蛮干做法。请大家先把这个问题刻入脑海，在具备了足够的数学知识后再去攀登这座高峰吧。

习题 10 假设三角形的 3 条边长均为整数。

(1) 是否存在斜边为 9 的毕达哥拉斯三角形？

(2) 求一个斜边为 29 的毕达哥拉斯三角形。

(3) 求一个一条直角边为 28 的直角三角形。

（参考答案见本书第 214 页）

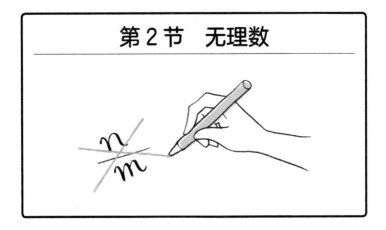

第 2 节　无理数

1. 无法写成分数的数

如果想把分数转化成小数，只要用分子除以分母就可以了。例如

$$\frac{4}{15} = 0.266\cdots$$

$$\begin{array}{r} 0.266 \\ 15\overline{)40} \\ \underline{30} \\ 100 \\ \underline{90} \\ 100 \end{array}$$

在任何情况下，用 4/15 的分子除以分母都是除不尽的，但小数位中的 6 却会无限地重复出现。也就是说，4/15 可以转换为一个循环小数。

不过也有小数是无限不循环的，我们将这样的数称为**无理数**。

我们也可以将其理解为无法用分数表示的数，这样的数其实有很多。

2. 证明 "$\sqrt{2}$ 是无理数"

例如，我们假设边长为 1 的正方形的对角线长度为 a，a 就是无理数。

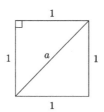

根据毕达哥拉斯定理可知

$$a^2 = 1^2 + 1^2 = 2$$

即 a 是 2 次方为 2 的数。

这个数叫作 2 的平方根，写为 $\sqrt{2}$。

通过计算，其数值大约为

$$\sqrt{2} = 1.4142\cdots$$

当然，该计算可以持续进行下去，并且永远不会终止。

无论计算进行到何种程度，我们都无法证明它是一个无理数。为此，我们必须使用一种截然不同的方法对其进行证明，这种方法就是证明 "素数有无穷多个" 时用到的反证法。

也就是说，我们可以先列出以下两种情况：

$$\sqrt{2} \begin{cases} \text{无法用分数表示} \\ \text{可以用分数表示} \end{cases}$$

然后对"可以用分数表示"这一假设进行证明，并从中推导出矛盾。

假设 $\sqrt{2}$ 可以用分数 $\frac{n}{m}$ 表示。

$$\sqrt{2} = \frac{n}{m}$$

等式两边分别进行 2 次方运算并去掉分母，则

$$2m^2 = n^2$$

对 m 和 n 进行分解素因数后可得

$$m = 2^{\alpha_1} 3^{\alpha_2} \cdots$$
$$n = 2^{\beta_1} 3^{\beta_2} \cdots$$

那么

$$2(2^{\alpha_1} 3^{\alpha_2} \cdots)^2 = (2^{\beta_1} 3^{\beta_2} \cdots)^2$$
$$2 \cdot 2^{2\alpha_1} 3^{2\alpha_2} \cdots = 2^{2\beta_1} 3^{2\beta_2} \cdots$$

如果我们只关注 2 的指数，则

$$2^{1+2\alpha_1} 3^{2\alpha_2} \cdots = 2^{2\beta_1} 3^{2\beta_2} \cdots$$

根据分解素因数的唯一性可知

$$1 + 2\alpha_1 = 2\beta_1$$
$$1 = 2(\beta_1 - \alpha_1)$$

也就是说，1 能被 2 整除，显然这就是矛盾所在。因此，$\sqrt{2}$ "无法用分数表示"的说法是正确的。

综上，我们利用反证法顺利地证明了 $\sqrt{2}$ 是无理数。

3. 证明 "$\sqrt{p}$ 是无理数（p 为素数）"

也许大家已经发现了，以上证明方法也适用于 $\sqrt{3}$。

令

$$\sqrt{3} = \frac{n}{m}$$

等式两边同时进行 2 次方运算并去掉分母，可得

$$3m^2 = n^2$$

在此对 m 和 n 进行分解素因数。如果只关注 3 的指数，那么也会发现 "1 能被 2 整除"的矛盾点，因此 $\sqrt{3} = 1.7320\cdots$ 是一个无法用分数表示的数，即 $\sqrt{3}$ 是无理数。

同理可以证明，当 p 为素数时，$\sqrt{p}$ 为无理数。

将其进一步一般化后，可以得出以下定理。

定理 11 如果对 t 进行分解素因数，其结果 $t = p_1{}^{\alpha_1} p_2{}^{\alpha_2} \cdots p_s{}^{\alpha_s}$ 的指数 $\alpha_1, \alpha_2, \cdots, \alpha_s$ 中至少有一个是奇数，那么 $\sqrt{t}$ 就是无理数。

假设 α_1 为奇数，令

$$\sqrt{t} = \frac{n}{m}$$

等式两边同时进行 2 次方运算并去掉分母，可得

$$tm^2 = n^2$$

将 m 和 n 分解素因数并代入，通过比较 p_1 的指数并参照分解素因数的唯一性，仍然会出现奇数能被 2 整除的矛盾，由此可证明 $\sqrt{t}$ 为无理数。

古希腊人早已掌握了 $\sqrt{2}$ 和 $\sqrt{3}$ 等数是无理数的事实。古希腊哲学家柏拉图在其著作《泰阿泰德·智术之师》中写道，

$$\sqrt{2}, \sqrt{3}, \sqrt{5}, \sqrt{6}, \sqrt{7}, \sqrt{8}, \sqrt{10}, \sqrt{11},$$
$$\sqrt{12}, \sqrt{13}, \sqrt{14}, \sqrt{15}, \sqrt{17}$$

在 17 以下的数的平方根中，除了 $\sqrt{4} = 2$，$\sqrt{9} = 3$，$\sqrt{16} = 4$ 以外，其余全都是无理数。

例 试证明 $\sqrt[3]{2}$ 是无理数（$\sqrt[3]{2}$ 是 3 次方为 2 的数）。

解 利用反证法进行证明。

假设 $a = \sqrt[3]{2}$ 是有理数，那么它可以写成 $\frac{整数}{整数}$ 的形式。

令

$$a = \frac{p_1{}^{\alpha_1} p_2{}^{\alpha_2} \cdots p_r{}^{\alpha_r}}{q_1{}^{\beta_1} q_2{}^{\beta_2} \cdots q_s{}^{\beta_s}}$$

我们假设 a 是一个最简分数（无法继续约分的分数），所以素数 $p_1, p_2, \cdots, p_r$，$q_1, q_2, \cdots, q_s$ 中没有相同的数。

等式两边同时进行 3 次方运算并去掉分母，可得

$$2 q_1{}^{3\beta_1} q_2{}^{3\beta_2} \cdots q_s{}^{3\beta_s} = p_1{}^{3\alpha_1} p_2{}^{3\alpha_2} \cdots p_r{}^{3\alpha_r}$$

由此可见，左边能被 2 整除，所以 $p_1, p_2, \cdots, p_r$ 中必然有 2。

假设 $p_1 = 2$，而 $q_1, q_2, \cdots, q_s$ 中没有 2。

根据分解素因数的唯一性可知

$$1 = 3\alpha_1$$

这明显存在矛盾，所以 a 不是有理数。

因此，a 是无理数。

习题 11

(1) 证明下面的数是无理数。

$$\sqrt{30}, \sqrt{56}, \sqrt{91}$$

(2) 下面的数是无理数吗？

$$\sqrt[3]{3}, \sqrt[3]{5}, \sqrt[4]{8}, \sqrt[5]{12}$$

（参考答案见本书第 215 页）

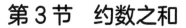

第 3 节　约数之和

1. 素因数与约数

　　水和硫酸的化学式分别为 H_2O 和 H_2SO_4。像这样，当意识到"化合物由元素构成"这一事实后，化学研究便取得了巨大进步。同样，当我们将某个整数看作多个素数的乘积，即意识到可以对整数进行分解素因数之后，对整数的研究也获得了飞跃式发展。

　　假设 a 的素因数分解结果为

$$a = p_1{}^{\alpha_1} p_2{}^{\alpha_2} \cdots p_s{}^{\alpha_s}$$

　　令 a 的约数为 b，则

$$a = bc$$

　　假设 b 和 c 的素因数分解结果分别为

$$b = p_1{}^{\beta_1} p_2{}^{\beta_2} \ldots p_s{}^{\beta_s}$$
$$c = p_1{}^{\gamma_1} p_2{}^{\gamma_2} \ldots p_s{}^{\gamma_s}$$

代入后可得

$$p_1{}^{\alpha_1} p_2{}^{\alpha_2} \cdots p_s{}^{\alpha_s} = p_1{}^{\beta_1+\gamma_1} p_2{}^{\beta_2+\gamma_2} \cdots p_s{}^{\beta_s+\gamma_s}$$

根据分解素因数的唯一性可知

$$\alpha_1 = \beta_1 + \gamma_1, \alpha_2 = \beta_2 + \gamma_2, \cdots, \alpha_s = \beta_s + \gamma_s$$

且

$$\beta_1 \leqslant \alpha_1, \beta_2 \leqslant \alpha_2, \cdots, \beta_s \leqslant \alpha_s$$

也就是说，a 的约数不包括 $p_1, p_2, \cdots, p_s$ 以外的素数，而且其指数也不会超出 $\alpha_1, \alpha_2, \cdots, \alpha_s$ 的范围。

由此可以得到下面的定理。

定理 12 对 $a = p_1{}^{\alpha_1} p_2{}^{\alpha_2} \cdots p_s{}^{\alpha_s}$ 的全部约数进行分解素因数，得到的结果都为

$$b = p_1{}^{\beta_1} p_2{}^{\beta_2} \cdots p_s{}^{\beta_s}$$
$$(\beta_1 \leqslant \alpha_1, \beta_2 \leqslant \alpha_2, \cdots, \beta_s \leqslant \alpha_s)$$

2. 最大公约数与最小公倍数的关系

利用素因数分解的结果，可以求得两个数的最大公约数和最小公倍数。

定理 13 两个整数 a 和 b 的素因数分解结果如下。

$$a = p_1{}^{\alpha_1} p_2{}^{\alpha_2} \cdots p_s{}^{\alpha_s}$$
$$b = p_1{}^{\beta_1} p_2{}^{\beta_2} \cdots p_s{}^{\beta_s}$$

（注：在此假设，当 a 包含素因数 p_1 而 b 不包含时，我们可以用 $p_1{}^0$ 作为补充，这是为了在形式上统一 a 和 b 的素因数种类。因此，指数 $\alpha_1, \alpha_2, \cdots, \alpha_s, \beta_1, \beta_2, \cdots, \beta_s$ 中 a 会出现 0。）

此时，令 α_i 和 β_i 中较大的一方为 $\gamma_i (i = 1, 2, \cdots, s)$，较小的一方为 δ_i，则

$$[a, b] = p_1{}^{\gamma_1} p_2{}^{\gamma_2} \cdots p_s{}^{\gamma_s}$$
$$(a, b) = p_1{}^{\delta_1} p_2{}^{\delta_2} \cdots p_s{}^{\delta_s}$$

证明：

根据定理 12，$[a, b]$ 中 p_i 的指数大于 α_i 和 β_i，而且由于 $[a, b]$ 是 a 与 b 的最小公倍数，所以显然 γ_i 最小。

因此，

$$[a, b] = p_1{}^{\gamma_1} p_2{}^{\gamma_2} \cdots p_s{}^{\gamma_s}$$

同理可证，

$$(a, b) = p_1{}^{\delta_1} p_2{}^{\delta_2} \cdots p_s{}^{\delta_s} \qquad \textbf{（证明完毕）}$$

定理 14　$(a,b)[a,b] = ab$

证明：

$$(a,b)\,[a,b] = \left(p_1{}^{\delta_1}p_2{}^{\delta_2}\cdots p_s{}^{\delta_s}\right)\left(p_1{}^{\gamma_1}p_2{}^{\gamma_2}\cdots p_s{}^{\gamma_2}\right)$$
$$= p_1{}^{\delta_1+\gamma_1}p_2{}^{\delta_2+\gamma_2}\cdots p_s{}^{\delta_s+\gamma_s}$$

根据定义可知

$$\delta_i + \gamma_i = \alpha_i + \beta_i \quad (i = 1, 2, \cdots, s)$$

因此，

$$(a,b)\,[a,b] = p_1{}^{\alpha_1+\beta_1}p_2{}^{\alpha_2+\beta_2}\cdots p_s{}^{\alpha_s+\beta_s}$$
$$= \left(p_1{}^{\alpha_1}p_2{}^{\alpha_2}\cdots p_s{}^{\alpha_s}\right)\left(p_1{}^{\beta_1}p_2{}^{\beta_2}\cdots p_s{}^{\beta_s}\right)$$
$$= ab \qquad\qquad \text{（证明完毕）}$$

习题 12　**根据分解素因数的方法求下列各值。**

(1)$(12, 18), [12, 18]$　　(2)$(49, 91), [49, 91]$

(3)$(64, 96), [64, 96]$　　(4)$(44, 209), [44, 209]$

(5)$(36, 30), [36, 30]$

（参考答案见本书第 216 页）

将定理 14 的式子 $(a,b)[a,b] = ab$ 两边同时除以 (a,b)，即可得

到以下定理。

定理 15

$$[a, b] = \frac{ab}{(a, b)} = \frac{a}{(a, b)} \cdot b = a \cdot \frac{b}{(a, b)}$$

用辗转相除法求得最大公约数 (a, b) 后，根据以上公式可以计算出最小公倍数 $[a, b]$。

例　求解 $[126, 420]$。

解　首先利用辗转相除法求解 $(126, 420)$。

$$
\begin{array}{r}
3 \\
126\overline{)420} \\
378 \\
\hline
42
\end{array}
\qquad
\begin{array}{r}
3 \\
42\overline{)126} \\
126 \\
\hline
0
\end{array}
$$

$$(126, 420) = 42$$
$$[126, 420] = \frac{126}{42} \cdot 420 = 3 \cdot 420 = 1260$$

习题 13　求解下列各组数的最小公倍数。

a	14	78	51	96	49	26	63	58	54	23
b	91	143	38	72	70	104	84	87	99	19
$[a, b]$										

（参考答案见本书第 216 页）

3. 求解所有约数之和

下面让我们通过定理 12 找出 72 的所有约数吧。

对 72 进行素因数分解可得

$$72 = 2^3 \cdot 3^2$$

因此，它的所有约数如下。

$$2^3 \cdot 3^2 = 72 \qquad 2^3 \cdot 3^1 = 24 \qquad 2^3 \cdot 3^0 = 8$$
$$2^2 \cdot 3^2 = 36 \qquad 2^2 \cdot 3^1 = 12 \qquad 2^2 \cdot 3^0 = 4$$
$$2^1 \cdot 3^2 = 18 \qquad 2^1 \cdot 3^1 = 6 \qquad 2^1 \cdot 3^0 = 2$$
$$2^0 \cdot 3^2 = 9 \qquad 2^0 \cdot 3^1 = 3 \qquad 2^0 \cdot 3^0 = 1$$

若要求解以上 12 个约数之和，可将各列分别相加，

$$\left(2^3 + 2^2 + 2^1 + 2^0\right) \cdot 3^2$$
$$\left(2^3 + 2^2 + 2^1 + 2^0\right) \cdot 3^1$$
$$\left(2^3 + 2^2 + 2^1 + 2^0\right) \cdot 3^0$$

然后再做总运算，

$$(2^3 + 2^2 + 2^1 + 2^0) \cdot (3^2 + 3^1 + 3^0) = 15 \cdot 13 = 195$$

如此进行归纳计算，可以简化计算过程。

如果用 $d(72)$ 表示 72 的所有约数之和，那么以上计算结果可以写成下面的形式。

$$d(72) = 195$$

同理可以求出 400 的所有约数，然后进行加法运算。

首先，对 400 进行素因数分解。

$$400 = 2^4 \cdot 5^2$$

因此，其所有约数如下。

$2^4 \cdot 5^2 = 400$	$2^4 \cdot 5^1 = 80$	$2^4 \cdot 5^0 = 16$
$2^3 \cdot 5^2 = 200$	$2^3 \cdot 5^1 = 40$	$2^3 \cdot 5^0 = 8$
$2^2 \cdot 5^2 = 100$	$2^2 \cdot 5^1 = 20$	$2^2 \cdot 5^0 = 4$
$2^1 \cdot 5^2 = 50$	$2^1 \cdot 5^1 = 10$	$2^1 \cdot 5^0 = 2$
$2^0 \cdot 5^2 = 25$	$2^0 \cdot 5^1 = 5$	$2^0 \cdot 5^0 = 1$

将这些约数全部相加后，便可得到 400 的所有约数之和。

$$\begin{aligned}
&\left(2^4 + 2^3 + 2^2 + 2^1 + 2^0\right) \cdot \left(5^2 + 5^1 + 5^0\right) \\
&= (16 + 8 + 4 + 2 + 1)(25 + 5 + 1) \\
&= 31 \cdot 31 = 961
\end{aligned}$$

即 400 的所有约数之和 $d(400)$ 为 961。

$$d(400) = 961$$

如果只是机械地将这些约数相加，那么问题就会变得非常复杂，而进行有序的归纳整理则能使计算变得简便很多。

在此，我们可以将计算变得更加简单。

令

$$\boxed{2^4 + 2^3 + 2^2 + 2^1} + 2^0 = x$$

让 x 乘以 2，则

$$2\left(2^4 + 2^3 + 2^2 + 2^1 + 2^0\right) = 2x$$
$$2^5 + \boxed{2^4 + 2^3 + 2^2 + 2^1} = 2x$$

由于以上两个等式中相同的部分 $2^4 + 2^3 + 2^2 + 2^1$ 在两个等式相减后就会消失，所以

$$
\begin{aligned}
2^5 + 2^4 + 2^3 + 2^2 + 2^1 \qquad &= 2x \\
- \quad 2^4 + 2^3 + 2^2 + 2^1 + 2^0 &= x \\
\hline
2^5 \qquad\qquad\qquad - 2^0 &= (2-1)x
\end{aligned}
$$
$$x = \frac{2^5 - 2^0}{2-1} = \frac{2^5 - 1}{2-1} = \frac{32-1}{1} = 31$$

同理可以计算出 $5^2 + 5^1 + 5^0$。

令

$$5^2 + 5^1 + 5^0 = y$$

等式两边同时乘以 5，然后与原式做减法运算。

$$
\begin{aligned}
5^3 + 5^2 + 5^1 \qquad &= 5y \\
- \quad 5^2 + 5^1 + 5^0 &= y \\
\hline
5^3 \qquad\qquad - 1 &= (5-1)y
\end{aligned}
$$
$$y = \frac{5^3 - 1}{5-1} = \frac{125-1}{4} = \frac{124}{4} = 31$$

在这里，乘以 2 和乘以 5 的思路是完全相同的。因此，这里考

虑普遍的情况，即给出一个数 r，可以求得 $r^n + r^{n-1} + \cdots + r + 1$。

这里的 r 不为 1。

令

$$r^n + r^{n-1} + \cdots + r + 1 = s$$

等式两边同时乘以 r，然后与原式做减法运算。

$$
\begin{aligned}
r^{n+1} + r^n + \cdots + r^2 + r &= rs \\
- \quad\quad r^n + r^{n-1} + \cdots + r + 1 &= s \\
\hline
r^{n+1} \quad\quad\quad\quad\quad\quad -1 &= (r-1)s
\end{aligned}
$$

$$s = \frac{r^{n+1} - 1}{r - 1}$$

因此以下公式成立。

定理 16 $r^n + r^{n-1} + \cdots + r + 1 = \frac{r^{n+1}-1}{r-1} \ (r \neq 1)$

在绝大多数情况下，比起直接计算该公式左侧的结果，使用右侧的计算方法会更简单。所谓"数学"并不是指一味机械地计算，将复杂的计算尽量简化才是数学要做的事情，而数学的乐趣也正在于此。

有人认为数学家的工作就是计算，那么如此说来，计算机应该可以完全取代数学家才对，然而事实并非如此。数学家一直在思考如何才能尽量减少计算，因此也可以说，数学家都是"懒汉"。

如果使用这个公式，那么 $72 = 2^3 \cdot 3^2$ 的约数之和就可以如下计算。

$$\frac{2^4 - 1}{2 - 1} \cdot \frac{3^3 - 1}{3 - 1} = \frac{16 - 1}{1} \cdot \frac{27 - 1}{2}$$

$$= 15 \cdot \frac{26}{2} = 15 \cdot 13 = 195$$

这样计算起来会更加简便快捷。

一般来说，$a = p_1{}^{\alpha_1} p_2{}^{\alpha_2} \cdots p_s{}^{\alpha_s}$ 的约数之和可以写成如下形式。

$$d(a) = \frac{p_1{}^{\alpha_1 + 1} - 1}{p_1 - 1} \cdot \frac{p_2{}^{\alpha_2 + 1} - 1}{p_2 - 1} \cdot \cdots \cdot \frac{p_s{}^{\alpha_s + 1} - 1}{p_s - 1}$$

习题 14 求解下列数值。

(1)$d(12)$　(2)$d(30)$　(3)$d(54)$　(4)$d(96)$　(5)$d(91)$

（参考答案见本书第 217 页）

第 4 节　完满数

1. 亏数与盈数

如果已知某个数 a 的素因数分解结果，就能利用定理 16 的公式计算出 a 的所有约数之和 $d(a)$。

$$d(1) = 1$$

$$d(2) = \frac{2^2 - 1}{2 - 1} = 3$$

$$d(3) = \frac{3^2 - 1}{3 - 1} = 4$$

$$d(4) = \frac{2^3 - 1}{2 - 1} = 7$$

$$d(5) = \frac{5^2 - 1}{5 - 1} = 6$$

$$d(6) = \frac{2^2 - 1}{2 - 1} \cdot \frac{3^2 - 1}{3 - 1}$$
$$= 3 \cdot 4 = 12$$

$$d(7) = \frac{7^2 - 1}{7 - 1} = 8$$

$$d(8) = \frac{2^4 - 1}{2 - 1} = 15$$

$$d(9) = \frac{3^3 - 1}{3 - 1} = 13$$

$$d(10) = \frac{2^2 - 1}{2 - 1} \cdot \frac{5^2 - 1}{5 - 1}$$
$$= 3 \cdot 6 = 18$$

$$d(11) = \frac{11^2 - 1}{11 - 1} = 12$$

$$d(12) = \frac{2^3 - 1}{2 - 1} \cdot \frac{3^2 - 1}{3 - 1}$$
$$= 28$$

因为 $d(a)$ 也包含 a 自身，所以去掉 a 即为 $d(a) - a$。如果 a 是素数，那么 $d(a) - a$ 必然等于 1。但如果 a 不是素数，那么 $d(a) - a$ 就应该大于 1。古希腊的数学家将 $d(a) - a$ 和 a 进行比较，如果 $d(a) - a$ 小于 a，就称 a 为亏数，即当 $d(a)$ 小于 $2a$ 时，a 为亏数。

前文中的 1、2、3、4、5、7、8、9、10、11 就是亏数。

与此相反，当 $d(a) - a$ 大于 a，即 $d(a)$ 大于 $2a$ 时，a 被称为盈数。前文中的 12 就是盈数，因为 $d(12) = 28$ 大于 12 的 2 倍（24）。

$$d(12) > 2 \cdot 12$$

因此，12 为盈数。

我们也可以说，约数过少的数为亏数，而约数过多的数为盈数。

2. 完满数

至于那些约数不多也不少，即 $d(a) = 2a$ 的数就被称为**完满数**。前文中的 6 就是完满数。

$$d(6) = 12 = 2 \cdot 6$$

在 100 以内的数中，除 6 以外还有一个完满数，它就是 28。

$28 = 2^2 \cdot 7$，把 $d(28)$ 代入公式计算可得

$$d(28) = \frac{2^3 - 1}{2 - 1} \cdot \frac{7^2 - 1}{7 - 1} = 7 \cdot 8 = 56$$

56 恰好是 28 的 2 倍。

因为 28 的所有约数为：

$$1, 2, 4, 7, 14, 28$$

所以将除 28 以外的所有约数相加，可得

$$1 + 2 + 4 + 7 + 14 = 28$$

在 100 以上（包含 100）的数中，是否存在这种完满数呢？

这是毋庸置疑的。只要耐心把 $d(100), d(101), d(102), \cdots$ 计算出来，应该就可以找到完满数。但是这种方法并不高明，就好比在勘探石油时依次挖掘每一处地面，这是十分浪费时间和精力的行为。地质学家会首先勘探石油所在的方位，然后在目标地点安置钻探机。地质学可以帮我们节省进行地毯式挖掘的劳动量。同样，我们也想借助数学之力，去勘探完满数的大致方位。

3. 偶数完满数

由于目前已知 6 和 28 都是偶数，所以就让我们先来找出是偶数的完满数吧。

令

$$a = 2^{\alpha_1} p_2{}^{\alpha_2} \cdots p_s{}^{\alpha_s}$$

在这里，令

$$p_2{}^{\alpha_2} \ldots p_s{}^{\alpha_s} = m, \quad \alpha_1 = n$$

则

$$a = 2^n \cdot m$$
$$d(a) = d\left(2^{\alpha_1}\right) d\left(p_2{}^{\alpha_2}\right) \cdots d\left(p_s{}^{\alpha_s}\right)$$
$$= d\left(2^n\right) d(m) = 2 \cdot 2^n \cdot m = 2^{n+1} \cdot m$$
$$d\left(2^n\right) = \frac{2^{n+1} - 1}{2 - 1} = 2^{n+1} - 1$$

将其代入可得

$$(2^{n+1} - 1)d(m) = 2^{n+1} \cdot m$$

下面我们对该等式稍微做一些调整。令等式右边减去 m 再加上 m。

$$（左边）= 2^{n+1}m - m + m$$
$$= (2^{n+1} - 1)m + m$$

然后两边同时除以 $2^{n+1} - 1$，可得

$$d(m) = m + \frac{m}{2^{n+1} - 1}$$

等式右边即为 m 的所有约数之和。

显然，这里的 $2^{n+1} - 1$ 为整数，而且是 m 的约数。

通过观察 $d(m) = m + \frac{m}{2^{n+1}-1}$ 这个等式可知，右边只有两个 m 的约数，因此 m 是一个只有两个约数的数，它只能是素数，所以 $\frac{m}{2^{n+1}-1}$ 等于 1。因此

$$m = 2^{n+1} - 1$$

也就是说，m 是一个可以用 $2^{n+1} - 1$ 的形式来表示的素数。

那么最初的 a 就可以被表示为

$$a = 2^n(2^{n+1} - 1)$$

这里的 $2^{n+1} - 1$ 必为素数。

显然，能用这种形式表示的数是完满数。

这是因为

$$
\begin{aligned}
d(a) &= d(2^n)d(2^{n+1} - 1) \\
&= \frac{2^{n+1} - 1}{2 - 1} \cdot (2^{n+1} - 1 + 1) \\
&= (2^{n+1} - 1)2^{n+1} \\
&= 2 \cdot 2^n(2^{n+1} - 1) \\
&= 2a
\end{aligned}
$$

因此，若想找出偶数完满数，只需关注当 $2^{n+1} - 1$ 为素数时，能用 $2^n(2^{n+1} - 1)$ 的形式表示的数就可以了。如此一来，我们就大大缩小了搜索范围。

4. $2^{n+1} - 1$ 为素数的条件

接下来，问题就变成了研究形式为 $2^{n+1} - 1$ 的数何时为素数。在这里，我们可以用 n 替换 $n + 1$，从而使形式更加规整。

让我们从 2 开始逐一代入 n 进行计算吧。

$$2^2 - 1 = 3$$
$$2^3 - 1 = 7$$
$$2^4 - 1 = 15 = 3 \cdot 5$$
$$2^5 - 1 = 31$$
$$2^6 - 1 = 63 = 3 \cdot 3 \cdot 7$$
$$2^7 - 1 = 127$$
$$2^8 - 1 = 255 = 3 \cdot 5 \cdot 17$$
$$\cdots$$

通过以上计算可知，得到的结果既有素数也有非素数。当指数 n 为非素数时，计算结果也为非素数，例如 $2^4 - 1, 2^6 - 1, 2^8 - 1$ 等。

那么，以上结论是否永远成立呢？

答案是肯定的。也就是说，**如果 n 不是素数，那么 $2^n - 1$ 也不是素数**。

下面就让我们试着证明这一点吧。

如果 n 不是素数，那么 n 应该可以用两个大于 1 的数的乘积来表示。

$$n = st, \quad s > 1, t > 1$$
$$2^n - 1 = 2^{st} - 1 = (2^s)^t - 1$$

根据定理 16 可知

$$(2^s)^t - 1 = (2^s - 1)(2^{s(t-1)} + 2^{s(t-2)} + \cdots + 1)$$

因为 $s > 1$，所以 $2^s - 1 > 1$。

当然，$2^{s(t-1)} + 2^{s(t-2)} + \cdots + 1$ 也比 1 大。也就是说，$2^n - 1$ 可以用两个大于 1 的数的乘积来表示，所以它不是素数。

因此，我们只需研究 n 为素数的情况就可以了。

如果用 $2^p - 1$ 的形式表示这些数，就能得到如下结果。

$$2^2 - 1 = 3$$
$$2^3 - 1 = 7$$
$$2^5 - 1 = 31$$
$$2^7 - 1 = 127$$
$$2^{11} - 1 = 2047 = 23 \cdot 89$$
$$2^{13} - 1 = 8191$$
$$2^{17} - 1 = 131071$$
$$\cdots$$

其中，$2^{11} - 1$ 的结果为 $2047 = 23 \cdot 89$，它并不是素数。当 $2^p - 1$ 为素数时，可以求得与之一一对应的完满数。

$$2^1(2^2 - 1) = 6$$
$$2^2(2^3 - 1) = 28$$
$$2^4(2^5 - 1) = 496$$
$$2^6(2^7 - 1) = 8128$$
$$2^{12}(2^{13} - 1) = 33550336$$
$$2^{16}(2^{17} - 1) = 8589869056$$
$$\cdots$$

判断 $2^p - 1$ 是否为素数是一道复杂的难题，目前还没有人能够解决。我们不知道是否存在无数个具有这样形式的素数。

不过，研究者在不久前利用计算机发现了 $2^{11213} - 1$ 这个素数，它在十进制中的位数多达 3375 位。[①]

5. 存在奇数完满数吗?

在前面的内容中，我为大家介绍了偶数完满数。那么，奇数完满数的情况又如何呢?

到目前为止，我们尚未发现奇数完满数，并且极有可能永远都不会发现奇数完满数。不过，目前数学家还无法证明奇数完满数的确不存在。

正如本节一开始介绍的那样，当整数 a 除其自身以外的所有约数之和 $d(a) - a$ 大于 a 时，也就是当

$$d(a) - a > a$$

即

$$d(a) > 2a$$

时，a 被称为盈数；相反，当 $d(a) - a$ 小于 a 时，也就是当

$$d(a) < 2a$$

① 2013 年 1 月，研究者确认，当 $p = 57885161$ 时 $2^p - 1$ 为素数。

时，a 被称为亏数。

例如，24 就是一个盈数，因为它所有（除 24 以外的）约数之和

$$1 + 2 + 3 + 4 + 6 + 8 + 12 = 36$$

比 24 大。

而 15 则为亏数，因为它所有（除 15 以外的）约数之和

$$1 + 3 + 5 = 9$$

比 15 小。

习题 15 验证从 1 到 100 的数是盈数、亏数还是完满数。

（参考答案见本书第 217 页）

第 3 章
数的表示方法

第1节　十进制

1. 每十个捆成一捆儿

据说，某些未开化的民族在数数时，会用手指、脚趾、胸部和胳膊等身体部位计数，每个部位都与一个数一一对应。如果用这种方法计数，那他们要记住好几百的数应该会非常困难吧。难道就没有比这种原始的计数方法更便利的方法吗？于是"十进制"便应运而生了。

所谓的"十进制"是指一种"每数到十个，就捆成一捆儿"的计数方法。如果用一个小正方形表示 1，那么数的表示方法就如下页图所示。

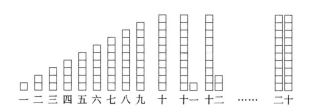

用这种方法计数时，十以后的数可依次被命名为"十一""十二"等，等再数满十个的时候，又从一开始数起。

这种方法把从一到九的数和"十、百、千、万、亿"等数的新名称组合起来，可以表示任意大的数。

这就是我们目前正在使用的数的名称体系，不过它也存在缺陷。我们必须在数每增长十倍时创造出对应的十、百、千、万等新名称。这样计算起来并不简便，比如我们无法快速计算出"三百六十四"加"一百五十"的结果。

2. 位值原理

有没有什么方法能克服用汉字表示数的缺陷呢？这时候，就轮到阿拉伯数字登场了。

阿拉伯数字的一大特征就是使用了位值原理。所谓"位值原理"是指，仔细调查用"每十个捆成一捆儿"的形式表示的一、十、百的个数，并按照"一"有多少个、"十"有多少个、"百"有多少个的顺序依次来表示数。

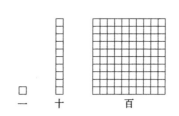

例如,

该图表示的数为 234。

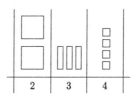

那么, 二百零四可以表示为

因为十位上没有数，所以不得不用 0 来补充。

因此，该数应该被写作 204。

由此可见，位值原理中的 0 是必不可少的。

3. 0 是恶魔之数？

世界上最早使用位值原理计数的地方是古巴比伦和古印度。后来，阿拉伯人将这种方法传到了欧洲，所以我们现在把这种数字叫作印度 - 阿拉伯数字，或者阿拉伯数字。

阿拉伯数字在中世纪传入欧洲，当时的欧洲人完全没有使用它的意愿。

据说，当时的欧洲人十分迷信，他们认为 0 是恶魔之数。因为在欧洲迷信观念里，恶魔在向人施加魔法时会在人周围画圈。由于圆圈的形状与 0 相同，所以欧洲人也因此对 0 产生了偏见。

另外，在 23 的右侧写上 0，得到的数 230 就变成了 23 的 10 倍，这种变化也像给数施加了魔法一样。

不过，欧洲人在经过尝试后切实体会到了阿拉伯数字的便利性，于是摒弃了之前一直使用的古老数字。

大家都知道，阿拉伯数字共包括

$$0, 1, 2, 3, 4, 5, 6, 7, 8, 9$$

这 10 个数字，它们通过各种组合可以表示任意大小的数。

那么，如何用一个通用的公式表示出这种形式呢？

例如，我们可以将 234 写成

$$2 \times 10^2 + 3 \times 10 + 4$$

或者

$$2 \times 10^2 + 3 \times 10^1 + 4 \times 10^0$$

的形式。

那么，一个任意 n 位数 $a_{n-1}a_{n-2}\cdots a_0$ 就可以写成

$$a_{n-1} \times 10^{n-1} + a_{n-2} \times 10^{n-2} + \cdots + a_0$$

的形式。这里的 $a_{n-1}, \cdots, a_0$ 为 $0, 1, 2, 3, \cdots, 9$ 中的某一个数字。

更通用的写法为

$$a_{n-1}x^{n-1} + a_{n-2}x^{n-2} + \cdots + a_0$$

在这里的情况下，x 为 10。

第 2 节　n 进制

1. 八进制，十二进制，n 进制

很明显，十进制的灵感来源于人的手指的个数。因此，如果人的手指个数为 8 或 12，那么我们也很有可能会使用八进制或十二进制吧。

八进制使用 0、1、2、3、4、5、6、7 这 8 个数字，而十二进制除了要使用从 0 到 9 的 10 个数字之外，还需要添加相当于 10 和 11 的新数字。于是，法国学者布丰（1707—1788）提出了在十二进制中用 X 表示 10、Z 表示 11 的主张，但却没有得到普遍认可。

如此看来，我们也可以使用二进制，三进制……n 进制，这都不会有什么问题。

2. 把十进制转换成 n 进制

下面让我们一起来看一看，如何把用十进制的数转换成 n 进制的数。

例如我们假设 $n = 8$，来看一看如何将十进制的数转换成八进制。

若想将用十进制表示的 1962 转换成八进制，只要将其转换成

$$a_{n-1} \cdot 8^{n-1} + a_{n-2} \cdot 8^{n-2} + \cdots + a_1 \cdot 8^1 + a_0$$

的形式，并确定 $a_{n-1}, \cdots, a_0$ 就可以了。由于这个式子可以写成

$$(a_{n-1} \cdot 8^{n-2} + a_{n-2} \cdot 8^{n-3} + \cdots + a_1) \cdot 8 + a_0$$

的形式，所以 a_0 相当于 1962 除以 8 后得到的余数。此时的商为

$$a_{n-1} \cdot 8^{n-2} + \cdots + a_1$$

用上面的商除以 8 后，又可以得到的余数 a_1。

之后，再用得到的商反复除以 8，得到的余数依次为 $a_2, a_3, \cdots, a_{n-1}$。

因此，只要进行下面的运算就可以了。

$$
\begin{array}{r}
8)\underline{\,1962\,} \\
8)\underline{\,\ 245\,} \cdots\cdots 2 \\
8)\underline{\,\ \ 30\,} \cdots\cdots 5 \\
3 \cdots\cdots 6
\end{array}
$$

答　3652

　　再如，将 1962 转换成七进制来表示的话，只要用 1962 除以 7 即可。

$$
\begin{array}{r}
7\,)\,\overline{\,1962\,}\\
7\,)\,\overline{\,\ 280\,}\ \cdots\cdots 2\\
7\,)\,\overline{\,\ \ 40\,}\ \cdots\cdots 0\\
\overline{\,\ \ \ \ 5\,}\ \cdots\cdots 5
\end{array}
\qquad 答\quad 5502
$$

习题 16　填写下面的表格。

十进制	432	2653	86	1000
二进制				
三进制				
七进制				
八进制				
九进制				

（参考答案见本书第 218 页）

---

3. 将 n 进制转换为十进制

　　下面让我们将 n 进制的数转换为十进制。

　　因为八进制的 3652 可以表示为

$$3 \cdot 8^3 + 6 \cdot 8^2 + 5 \cdot 8 + 2 = \{(3 \cdot 8 + 6)8 + 5\}8 + 2$$

所以从括号内部逐步向外计算可得

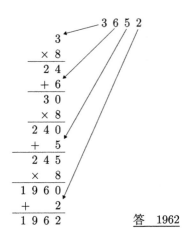

答　1962

再如，我们将七进制的 5502 转换为十进制。

```
          5 5 0 2
        5
      × 7
      3 5
      + 5
      4 0
      × 7
    2 8 0
    + 0
    2 8 0
      × 7
  1 9 6 0
  +     2
  1 9 6 2
```

答　1962

习题 17

(1) 将下列用八进制表示的数转换为十进制

314, 477, 1000, 3005

(2) 将下列用五进制表示的数转换为十进制。

1111, 2233, 4021, 3000

（参考答案见本书第 218 页）

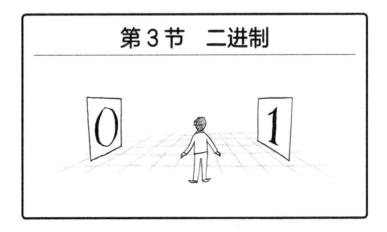

第 3 节　二进制

1. 仅用 0 和 1 表示所有的数

在 n 进制中，二进制尤其显得特别有趣，因为它只用 0 和 1 这两个数字就可以表示任意大小的数。

例如，用二进制表示十进制中的 25，结果如下。

$$
\begin{array}{r}
2)\underline{\ 25\ } \\
2)\underline{\ 12\ } \cdots\cdots 1 \\
2)\underline{\ 6\ } \cdots\cdots 0 \\
2)\underline{\ 3\ } \cdots\cdots 0 \\
1 \cdots\cdots 1
\end{array}
\qquad
\underline{\text{答}\quad 11001}
$$

通过这种运算，我们可以用 0 和 1 的组合表示所有数。

在二进制中，10 是十进制中的 2，100 是十进制中的 4，1000 是十进制中的 8……也就是 $2^1, 2^2, 2^3, \cdots$。

因此，11001 为

$$
\begin{array}{r}
11001 \\
\hline
10000 \quad\cdots\cdots\cdots\cdots \quad 16 \\
1000 \quad\cdots\cdots\cdots\cdots \quad 8 \\
1 \quad\cdots\cdots\cdots\cdots \quad +1 \\
\hline
25
\end{array}
$$

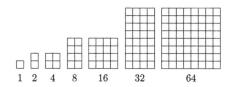

因为十进制中的 25 在二进制中是 11001，所以可以用下图来表示。

习题 18 将下列用十进制表示的数转换为二进制。

10, 20, 17, 100, 43, 31, 95, 63

（参考答案见本书第 218 页）

2. 古埃及人的乘法运算

既然所有数都能用二进制表示，那就意味着所有数都能用 1，$2, 2^2, 2^3, \cdots$ 的和来表示。古埃及人曾利用这一点来进行乘法运算，例如在计算

$$13 \times 19$$

时，首先将 19 转换为二进制。

$$10011 = 2^4 + 2 + 1$$

因此

$$13 \times 19 = 13 \times (2^4 + 2 + 1)$$
$$= 13 \times 16 + 13 \times 2 + 13 \times 1$$

在此，让 13 依次乘以 2，并将对应的部分（黑色字体的数字）相加。

$$
\begin{array}{lr}
13 & \cdots\cdots\cdots 13 \\
13 \times 2 & \cdots\cdots 26 \\
13 \times 2^2 & \cdots\cdots 52 \\
13 \times 2^3 & \cdots\cdots 104 \\
13 \times 2^4 & \cdots\ +\ 208 \\
\hline
& 247 \quad \underline{答\ \ 247}
\end{array}
$$

使用这种计算方法，即使不会背乘法口诀也能进行乘法运算。

> **习题 19** 用古埃及的方法完成以下乘法运算。
>
> $29 \times 7, 32 \times 19, 41 \times 25, 17 \times 33, 58 \times 45, 26 \times 14,$
> $81 \times 95, 36 \times 39, 49 \times 59, 38 \times 27$
>
> （参考答案见本书第 219 页）

在此，我们把 13 转换为二进制，

$$
\begin{array}{r}
2)\,\underline{13} \\
2)\,\underline{6} \cdots\cdots 1 \\
2)\,\underline{3} \cdots\cdots 0 \\
1 \cdots\cdots 1
\end{array}
\qquad 1101 = 2^3 + 2^2 + 1
$$

结果为 1101。

$$
\begin{array}{r}
13 \\
\times\ 19 \\
\end{array}
\longrightarrow
\begin{array}{r}
1101 \\
\times\ 10011 \\
\hline
1101 \\
1101 \\
1101 \\
\hline
\end{array}
$$

$247 \longleftarrow 11110111$

像这样，在进行二进制的乘法运算时，只要提前掌握如下计算即可。

$$
\begin{array}{cccc}
0 & 0 & 1 & 1 \\
\underline{\times\,0} & \underline{\times\,1} & \underline{\times\,0} & \underline{\times\,1} \\
0 & 0 & 0 & 1
\end{array}
$$

如果要进行二进制的加法运算，则只需提前掌握以下四种加法运算就可以了。

$$
\begin{array}{cccc}
0 & 0 & 1 & 1 \\
\underline{+\,0} & \underline{+\,1} & \underline{+\,0} & \underline{+\,1} \\
0 & 1 & 1 & 10
\end{array}
$$

计算机在进行计算时，要先把十进制的数转换为二进制表示，然后通过 +，-，×，÷ 的计算得出二进制的答案，最后再将二进制的答案转换成用十进制表示的数。

3. 尼姆（Nim）游戏

使用二进制，我们可以来玩一种名为尼姆（Nim）的游戏。

假设有三堆棋子。两个人轮流从其中任意一堆棋子中拿取若干棋子。如果其中一人取完棋子后，对手没有棋子可取，那么这个人就在游戏中胜出了。

当然，如果只凭感觉玩游戏也有可能获胜，而只要了解二进制的原理就能掌握必胜的方法。

首先，假定三堆棋子的数量分别为 a, b, c，我们试着将 a, b, c 转换为二进制。例如，当 $a = 19, b = 9, c = 23$ 时，将其转换为二进制，并将各个位上的数相加，结果如下。

$$
\begin{array}{r}
19 \cdots\cdots \quad 1\,0\,0\,1\,1 \\
9 \cdots\cdots \quad 1\,0\,0\,1 \\
23 \cdots\cdots +1\,0\,1\,1\,1 \\
\hline
2\,1\,1\,2\,3
\end{array}
$$
奇 奇　奇

其中，$1, 1, 3$ 为奇数。在这种情况下，要想在游戏中取胜，我们必须确保从一堆棋子中取出若干棋子后，上面这个结果的各个数位上的数字为偶数。

因此，我们的目标就是在结果 21123 中最大的奇数位上，棋子数的二进制表示中对应为 1 的那堆棋子。在这里，也就是 9 颗棋子的那一堆。

所以，我们先从 9 颗棋子的这一堆里取棋子。

$$
\begin{array}{r}
1\,0\,0\,1\,1 \\
\boxed{1}\,0\,0\,1 \\
+1\,0\,1\,1\,1 \\
\hline
2\,1\,1\,2\,3
\end{array}
$$

在上面的式子中，如果取走 1001，那么式子下面的 21123 就会变成 20122。这时，要想使式子结果所有位数上的数变成偶数，则式子中需再加一个 100，所以我们只要从整体中减去 1001 − 100 就可以了。

$$
\begin{array}{r}
1\,0\,0\,1\,1\\
1\,0\,0\\
+\,1\,0\,1\,1\,1\\
\hline
2\,0\,2\,2\,2
\end{array}
$$

在二进制中，$1001 - 100 = 101$。

101 用十进制表示为 5。

也就是说，我们应该先从棋子数量为 b 的那一堆中取出 5 颗棋子。

这样一来，无论对手从哪堆棋子中拿取棋子，最终都必然出现奇数。

此后，只要使用同样的方法，将剩余的棋子数用二进制表示，并保证在自己取完棋子后，二进制下三堆棋子数量之和的各个数位上的数字都为偶数即可。

不过，如果一开始各个数位上的数字之和就是偶数，那就无法保证先手必胜了，而且如果后手也知道这个必胜秘诀，那么可以说先手必败无疑。如果后手并不了解必胜的方法，那么一旦后手在游戏中出现失误，先手就能取得获胜的机会。

习题 20 在尼姆游戏中，当 $a = 27, b = 23, c = 10$ 时，为了获胜应该先从哪堆棋子开始拿取多少颗棋子呢？

（参考答案见本书第 220 页）

当然，该方法同样适用于四堆以上的棋子。

例 当 $a=31, b=26, c=21, d=33$ 时，为了获胜应该先从哪堆棋子开始拿取多少颗棋子呢？

$$
\begin{array}{r}
a\cdots\cdots \quad 1\,1\,1\,1\,1 \\
b\cdots\cdots \quad 1\,1\,0\,1\,0 \\
c\cdots\cdots \quad 1\,0\,1\,0\,1 \\
d\cdots\cdots +1\,0\,0\,0\,0\,1 \\
\hline
①③2\,2\,2③
\end{array}
$$

解 在此观察数值为奇数的数位可知，应该先从有 d 颗棋子的那堆入手，使 d 变为 10000（二进制）。也就是说，只要将 d 变为 16（十进制）就可以了，因此我们应该先从棋子数为 $d=33$ 的棋子堆中取出 17 颗棋子。

习题 21 在尼姆游戏中，为了取得胜利，请思考下面五种情况应该先从哪堆棋子开始拿取多少颗棋子。

	(1)	(2)	(3)	(4)	(5)
a	9	34	6	29	42
b	8	15	4	1	35
c	7	24	10	30	40
d	6	18	13	34	37

（参考答案见本书第 220 页）

第 4 章

日历中的数学

第 1 节　确定星期几

1. 周期现象

生活中有很多每隔一段时间就重复发生的现象。例如，公交车站的每日时刻表，每日时刻表会标明公交车的到达和出发时间，时刻表上的行程每 24 小时就会循环一次。这里的 24 小时就称为**周期**。

遵循一定周期、周而复始的现象叫作周期现象。

除了时刻表的例子之外，地球上某地的气候几乎是一年一轮回，可以说这也是比较接近我们日常生活的周期现象。另外，一个星期包括星期一、星期二、星期三、星期四、星期五、星期六和星期日这 7 天，这也是一种周期现象。

可以说，像车轮一样循环转动的现象几乎都属于周期现象。如果我们观察车轮的转动角度，就可以发现它是一个周期为 360° 的周期现象。

那么，如果将这些周而复始的周期现象带到整数中的话，又会出现怎样的情况呢?

2. 在无日历可查的情况下推算某天是星期几

首先，让我们以星期（周）为例。某年有 365 天，这些天数可以被分成若干个星期，每个星期都由星期一、星期二、星期三、星期四、星期五、星期六和星期日这 7 天构成。我们只要参照从 1 月 1 日开始排列的星期表就能知道几月几日是星期几。

1973 年的 1 月 1 日是星期一，从星期一开始，按照星期二、星期三、星期四……的顺序，将日期逐一填入星期表中就可以确定每天是星期几了。

1973 年 1 月

日	一	二	三	四	五	六
	1	2	3	4	5	6
7	8	9	10	11	12	13
14	15	16	17	18	19	20
21	22	23	24	25	26	27
28	29	30	31			

观察此表我们能发现，如果日期的星期序号相同，例如都是星期一的 1 日，8 日，15 日……那么这些日期除以 7 时所得余数均为

1。同为星期二的 2 日，9 日，16 日……这些日期除以 7 时所得余数均为 2。我们由此可以制成下表。

	日	一	二	三	四	五	六
余数	0	1	2	3	4	5	6

但是，如果不看日历就想知道 1973 年 8 月 15 日是星期几的话，那么用上面的方法就不是明智之举了。在这里，让我们试着想出一种更巧妙的方法吧。

首先，我们要计算出 1973 年 8 月 15 日是这一年中的第几天。

$$1月\quad 2月\quad 3月\quad 4月\quad 5月\quad 6月\quad 7月\quad 8月$$
$$31 + 28 + 31 + 30 + 31 + 30 + 31 + 15 = 227$$

也就是说，8 月 15 日是 1973 年的第 227 天。

接下来，我们要计算出 227 除以 7 的余数。

$$
\begin{array}{r}
32 \\
7\overline{)227} \\
\underline{21} \\
17 \\
\underline{14} \\
3
\end{array}
$$

由于余数为 3，所以通过对照下页表可知，8 月 15 日是星期三。

	日	一	二	三	四	五	六
余数	0	1	2	3	4	5	6

↑

虽然 227 除以 7 的商为 32，但是商在确定星期几的问题上起不到任何作用。

习题 22 已知 1973 年的 1 月 1 日是星期一，1973 年的 4 月 1 日，9 月 25 日，11 月 23 日分别是星期几？

（参考答案见本书第 222 页）

综上所述，在确定某一日期是星期几时，我们知道关注天数除以 7 所得的余数就可以了。由于这种方法适用于任意大小的数，所以大家也能用这种方法计算出 2000 年 1 月 1 日是星期几。

习题 23 已知 1973 年的 1 月 1 日是星期一，那么 2000 年 1 月 1 日是星期几？请大家不要忘记闰年与平年的事情，1976 年是闰年（366 天），闰年每四年就会出现一次。

（参考答案见本书第 223 页）

第 2 节　同余式

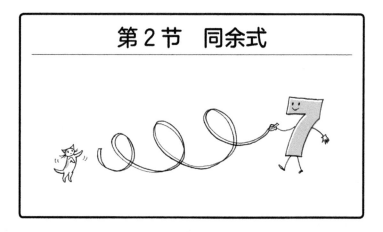

1. 把数轴绕到圆柱上

1 个星期的周期是 7 天，如果我们用图形表示这个周而复始的现象，则可得到下图所示的结果。

```
      日    一    二    三    四    五    六
...........................................................
                          → −3 → −2 → −1
      0 → 1 → 2 → 3 → 4 → 5 → 6
      7 ← 8 → 9 → 10 → 11 → 12 → 13
     14 ← 15 →
...........................................................
```

我们该如何使这种周而复始的规律看起来一目了然呢？

对此，我们不妨把呈现整数排列情况的直线（数轴）看作能够自由弯曲的绳索，而不是笔直、坚硬的钢条。

然后，我们将这条数轴绳索一圈一圈地缠绕在一个底面周长为
7（星期的周期）的圆柱上。

于是，对应星期日的 $\cdots, -7, 0, 7, 14, 21, \cdots$ 会排列在同一条竖
直方向的直线上。同样，对应星期三的 $\cdots, -4, 3, 10, 17, \cdots$ 也会排
列在同一条竖直方向的直线上。

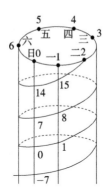

要想知道 13 和 34 是否对应一周中的同一天，可以在 13 的基
础上不断加 7，观察能否得到 34。为此，我们首先需要计算 34 是从
13 开始的"第几个数"。

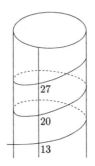

$$34 - 13 = 21 = 7 \times 3$$

也就是说，34 是从 13 开始的第 21 个数。由于 21 恰好能被 7 整除，所以由此可知，34 与 13 对应一周中的同一天。

2. 同余式

也就是说，如果两个整数 a 和 b 的差 $a - b$ 能被 7 整除，那么 a 和 b 就对应一周中的同一天。如果差 $a - b$ 无法被 7 整除，则证明它们对应的是不同的一天。

"两个整数 a 和 b 的差 $a - b$ 能被 7 整除"可被表示为

$$a \equiv b \pmod 7$$

我们可将其简略地读作"对于模 7，a 和 b 同余"。这种数学表达式叫作**同余式**。

根据同余式的定义，在前文提到的缠绕着数轴的圆柱上，排列在同一条竖直直线上的数都同余。

$$8 \equiv 1 \quad (\text{mod } 7)$$
$$15 \equiv 1 \quad (\text{mod } 7)$$
$$22 \equiv 1 \quad (\text{mod } 7)$$
$$\cdots$$
$$10 \equiv 3 \quad (\text{mod } 7)$$
$$17 \equiv 3 \quad (\text{mod } 7)$$

习题 24

(1) 请在下列数中寻找对于 **(mod 11)** 同余的数，并用 ≡ 将其连接。

$$25, 2, 7, 79, 58, 69, 35$$

(2) 请在下列数中寻找对于 **(mod 7)** 同余的数，并用 ≡ 将其连接。

$$12, 6, 8, 37, 50, 68, 91, 41, 63, 23$$

(3) 请在下列数中寻找对于 **(mod 17)** 同余的数，并用 ≡ 将其连接。

$$20, 43, 10, 139, 26, 77$$

（参考答案见本书第 223 页）

接下来让我们把负整数也加进去。

$$\cdots, -3, -2, -1, 0, 1, 2, 3, \cdots$$

这样一来，所有整数都能以 1 为间隔，在数轴的左右两侧无穷无尽地排列下去。

我们由此可以得到以下结果。

$$3 \equiv -4 \quad (\text{mod } 7) \qquad -5 \equiv 6 \quad (\text{mod } 11)$$
$$-18 \equiv 10 \quad (\text{mod } 7) \qquad -14 \equiv -3 \quad (\text{mod } 11)$$
$$-32 \equiv -11 \quad (\text{mod } 7) \qquad \cdots$$
$$\cdots$$

习题 25

(1) 在下列数中寻找对于 **(mod 7)** 同余的数，并用 $\equiv$ 将其连接。

$$-6, 5, 4, 2, -3, -2, 8, 9$$

(2) 在下列数中寻找对于 **(mod 13)** 同余的数，并用 $\equiv$ 将其连接。

$$-10, 30, 16, 11, -9, 50$$

（参考答案见本书第 223 页）

第 3 节　同余式与等式

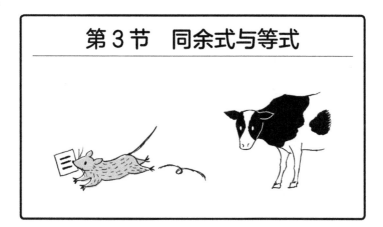

---

1. 同余式的基本性质

同余式 $a \equiv b \pmod 7$ 与等式 $a = b$ 所表达的意思不同,它能表示 a 和 b 对应一周中的同一天等含义,所以比 $a = b$ 的意思更宽泛。

不过,$\equiv$ 这个符号与等号 $=$ 的性质十分相似。

下面就让我们来研究一下它们都有哪些相似之处吧。

(1) 首先,对于任意整数 a 而言,必然满足 $a \equiv a \pmod 7$。

如果将该同余式看作"相同的日期,对应的是一周中的同一天",那么我们自然就能领会它的含义。若想通过算式对其进行验证,则只需按照以下方法进行即可。

先算出 a 与 a 的差。

$$a - a = 0$$

通过计算可知，0 能被 7 整除。

$$7 \overline{\smash{\big)}\, 0} \atop {\underline{0} \atop 0}$$

因此，根据同余式的定义可得

$$a \equiv a \pmod 7$$

(2) 若 $a \equiv b \pmod 7$，则 $b \equiv a \pmod 7$。

用星期几的问题来说明以上同余式的含义，我们能马上理解它的含义。

$a \equiv b \pmod 7$ 表示 "a 和 b 对应一周中的同一天"。此时，"b 和 a 对应一周中的同一天" 的说法自然也成立，所以 $b \equiv a \pmod 7$。

若想通过算式对其进行验证，同样只需按照以下方法验证即可。

因为

$$a \equiv b \pmod 7$$

所以 $a - b$ 能被 7 整除，所以可以写出下面的等式。

$$a - b = 7x \quad （x \text{ 为整数}）$$

若改变这个等式两边的符号，则可以得到

$$b - a = 7(-x)$$

因为 x 是整数，所以 $-x$ 也是整数，$b - a$ 也能被 7 整除。因此

$$b \equiv a \ (\text{mod } 7)$$

(3) 若 $a \equiv b, b \equiv c \ (\text{mod } 7)$，则 $a \equiv c \ (\text{mod } 7)$。

以上同余式可以用星期的例子解释为：“a 和 b 对应一周中的同一天”且“b 和 c 也对应一周中的同一天”，那么“a 和 c 必然对应一周中的同一天”。我们可以按照以下方法，用算式进行验证。

若 $a \equiv b \ (\text{mod } 7)$，则 $a - b = 7x$（x 为整数）

若 $b \equiv c \ (\text{mod } 7)$，则 $b - c = 7y$（y 为整数）

将两个式子左右两边分别相加后可得

$$\begin{aligned}
a - b &= 7x \\
+ \quad b - c &= 7y \\
\hline
a - c &= 7x + 7y = 7(x + y)
\end{aligned}$$

根据“整数 + 整数 = 整数”的规则可知，$x + y$ 为整数。

也就是说，$a - c$ 能被 7 整除。因此

$$a \equiv c \ (\text{mod } 7)$$

通过比较以上 3 个同余式和等式的性质，我们可以得出以下结论。

等　式	同　余　式
(1) $A = A$	(1) $a \equiv a \pmod 7$
(2) 若 $A = B$，则 $B = A$	(2) 若 $a \equiv b \pmod 7$，则 $b \equiv a \pmod 7$
(3) 若 $A = B, B = C$，则 $A = C$	(3) 若 $a \equiv b \pmod 7, b \equiv c \pmod 7$，则 $a \equiv c \pmod 7$

由此可见，$\equiv$ 和 $=$ 的性质在形式上是完全相同的。

2. 同余式的加法、减法、乘法运算

下面我们来看一看同余式之间如何进行 $+$、$-$、$\times$ 的运算。

(4) 在等式中，若 $A = B, C = D$，则 $A + C = B + D$。

也就是说，两个等式的左右两边可分别相加，最终得到的等式仍然成立。

$$A = B$$
$$+\quad C = D$$
$$\overline{A + C = B + D}$$

同余式也可以进行同样的加法运算吗？在这里我提前告诉大家，答案是肯定的。

若

$$a \equiv b \pmod 7, c \equiv d \pmod 7$$

则

$$a + c \equiv b + d \pmod 7$$

也就是说, 同余式的两边也可以分别进行加法运算。

$$
\begin{array}{rl}
a \equiv b & (\mathrm{mod}\ 7) \\
+ \quad c \equiv d & (\mathrm{mod}\ 7) \\
\hline
a + c \equiv b + d & (\mathrm{mod}\ 7)
\end{array}
$$

下面就让我们用算式进行验证吧。

若 $a \equiv b\ (\mathrm{mod}\ 7)$, 则
$$
\begin{array}{rl}
& a - b = 7x \\
+ \quad & c - d = 7y \\
\hline
(a+c) - (b+d) = 7(x+y)
\end{array}
$$
若 $c \equiv d\ (\mathrm{mod}\ 7)$, 则

因为 x 和 y 是整数, 所以 $x + y$ 也是整数。

因此

$$a + c \equiv b + d\ (\mathrm{mod}\ 7)$$

(5)
$$
\begin{array}{rl}
A &= B \\
- \quad C &= D \\
\hline
A - C &= B - D
\end{array}
$$

同理, 同余式两边分别进行减法运算, 所得同余式仍然成立。

若 $a \equiv b\ (\mathrm{mod}\ 7)$, 则
$$
\begin{array}{rl}
& a - b = 7x \\
- \quad & c - d = 7y \\
\hline
(a-c) - (b-d) = 7(x-y)
\end{array}
$$
若 $c \equiv d\ (\mathrm{mod}\ 7)$, 则

因为 $x - y$ 仍为整数, 所以

$$a - c \equiv b - d\ (\mathrm{mod}\ 7)$$

同余式的两边也可以分别进行减法运算。

(6) 接下来是乘法运算。

在等式中，若 $A = B, C = D$，则 $AC = BD$。

同余式也具有这样的性质吗？

我们能否根据 $a \equiv b \pmod 7, c \equiv d \pmod 7$ 这两个条件，推导出 $ac \equiv bd \pmod 7$ 呢？

首先，我们可以验证当同余式两边同时乘以一个相同的整数 c 时，同余式是否成立，也就是验证 c 个 $a \equiv b \pmod 7$ 叠加的情况。

$$c \text{个} \left\{ \begin{array}{ll} a \equiv b & (\text{mod } 7) \\ a \equiv b & (\text{mod } 7) \\ \cdots & \\ + \quad a \equiv b & (\text{mod } 7) \\ \hline ac \equiv bc & (\text{mod } 7) \end{array} \right.$$

$ac \equiv bc \pmod 7$ 确实成立。

接下来令 $c \equiv d \pmod 7$ 的两边同时乘以 b，于是可以得到以下同余式。

$$bc \equiv bd \pmod 7$$

与 $ac \equiv bc$ 组合后，根据 (3) 的性质可得

$$ac \equiv bd \pmod 7$$

r 个 $a \equiv b \pmod 7$ 的乘积为

$$
\left. r \text{个} \begin{cases} a \equiv b & \pmod 7 \\ a \equiv b & \pmod 7 \\ \cdots & \\ \times \quad a \equiv b & \pmod 7 \end{cases} \right.
$$
$$
a^r \equiv b^r \pmod 7
$$

因此，$a \equiv b \pmod 7$ 的两边也可以同时进行 r 次方的运算。

综上所述，我们可以得出以下结论。

等　式	同余式
(4) 若 $A = B, C = D$， 　　则 $A + C = B + D$	(4) 若 $a \equiv b \pmod 7, c \equiv d \pmod 7$， 　　则 $a + c \equiv b + d \pmod 7$
(5) 若 $A = B, C = D$， 　　则 $A - C = B - D$	(5) 若 $a \equiv b \pmod 7, c \equiv d \pmod 7$， 　　则 $a - c \equiv b - d \pmod 7$
(6) 若 $A = B, C = D$， 　　则 $AC = BD$	(6) 若 $a \equiv b \pmod 7, c \equiv d \pmod 7$， 　　则 $ac \equiv bd \pmod 7$

通过比较 (1)、(2)、(3)、(4)、(5)、(6) 可以发现，同余式的性质与等式的性质在形式上完全相同。

因此，在处理 $\equiv$ 的计算时，我们可将其视为 "$=$"。

但计算同余式的除法就不能如此生搬硬套了。

使用同余式可以简化计算，这样的例子不胜枚举。

3. 使用同余式计算某一日期是星期几

接下来就让我们试着使用同余式来解答"2000 年 1 月 1 日是星期几"的问题吧。

如果要用在前文中为大家介绍过的方法,那么我们需要先计算从已知的星期一(1973 年 1 月 1 日)开始算起,2000 年 1 月 1 日是第多少天,再根据这个天数除以 7 后得到的余数求出对应的星期序号。这样一来,计算量会相当大。不过,如果我们使用同余式的话,那么我们就能用较小的数来解决这个问题。

一年的 365 天可以表示为 $365 = 7 \times 52 + 1$,用同余式可以表示为 $365 \equiv 1 \pmod 7$,闰年 366 天则为 $366 \equiv 2 \pmod 7$。

使用 $365 \equiv 1 \pmod 7, 366 \equiv 2 \pmod 7$,可以列出下面的情况。

1973 年	$365 \equiv 1 \pmod 7$
1974 年	$365 \equiv 1 \pmod 7$
1975 年	$365 \equiv 1 \pmod 7$
1976 年(闰年)	$366 \equiv 2 \pmod 7$
...	
1998 年	$365 \equiv 1 \pmod 7$
1999 年	$365 \equiv 1 \pmod 7$
+ 2000 年	$1 \equiv 1 \pmod 7$

首先,

$$2000 - 1972 = 28$$

又因为在 1973 年到 2000 年的期间，同余式右侧为 "2" 的闰年情况出现了 6 次，

所以

$$28 + 6 = 34$$

因此

$$34 \equiv 6 \ (\text{mod } 7)$$

对照下表可知，2000 年 1 月 1 日为星期六。

	日	一	二	三	四	五	六
余数	0	1	2	3	4	5	6

↑

上述计算也表明，同余式可以在很大程度上简化计算。

对星期几的计算基于 (mod 7)，而天干和地支则分别对应 (mod 10) 和 (mod 12)。

十天干分别为甲、乙、丙、丁、戊、己、庚、辛、壬、癸；十二地支分别为子、丑、寅、卯、辰、巳、午、未、申、酉、戌、亥。

120

习题 26

(1) 已知 1973 年为癸丑年，那么 2000 年是干支纪年法的什么年？

(2) 在平年中，有哪几个月份的星期排列是完全一致的？

（参考答案见本书第 223 页）

第 4 节　同余式的发明者——高斯

1. 小学时期的高斯

通过前文的介绍，想必大家已经了解到，用同余式能给计算带来极大的便利。在简化计算过程和思考方式等方面，可以说同余式是一项伟大的发明。

同余式是由伟大的数学家高斯（1777—1855）发明的。

高斯于 1777 年 4 月 30 日出生在德国的不伦瑞克。当时的德国由多个小国组成，不伦瑞克也是其中之一。

高斯的父亲是一名泥瓦匠，当时高斯的家庭条件比较贫困。高斯在上小学时进入了比特纳老师的班级学习。

有一天，比特纳老师让学生们计算从 1 到 40 的所有数的总和①。

---

① 现在普遍认为是"计算从 1 到 100 的所有数的总和"。——编者注

其实，比特纳老师当时很有可能只是因为感觉到上课有些疲惫，才故意出了一道题让学生们做，自己打算利用这段时间稍作休息。

对于小学生而言，得出从 1 加到 40 的结果需要花费很长时间，而比特纳老师或许是想利用这个间隙在教室里散散步。

高斯

然而，比特纳老师刚把教鞭放下，高斯就立马站起来兴高采烈地喊道："我算出来了！"

老师认为这个孩子肯定是哪里搞错了，于是就走过去瞥了一眼高斯的石板。令老师感到震惊的是，高斯的石板上确实写着正确答案 820，而且他的计算方式并非像其他孩子那样，将 $1, 2, 3, \cdots$ 逐一相加，而是将 1 和 40、2 和 39、3 和 38 等首尾组合两两相加。这样一来，每组数相加的结果均为 41，一共有 20 组，所以答案为 $41 \times 20 = 820$。

比特纳老师对此感到震惊不已，没想到这个孩子竟然独自发现了等差数列的求和公式。他认为，这个孩子将来一定会成为一名颇有成就的数学家。

后来，比特纳老师又从德国的汉堡买来一本数学书送给高斯阅读。高斯对这本书爱不释手，并在书的封皮背面写道："我很喜欢这本书。"

2. 发现"黄金定理"

在比特纳老师的学校里，还有一位叫巴特尔斯的年轻教师，他后来成为了俄国喀山大学的教授。巴特尔斯发现了高斯的数学天赋，1788 年，他专程前往高斯所在的中学任教。

高斯的父亲并不指望自己的儿子能学有所成，而是希望高斯能协助自己的泥瓦匠工作。他甚至觉得，年少的高斯在夜里学习简直就是在浪费灯油。

不过，高斯的母亲却很支持高斯，她想方设法要让高斯继续接受教育。在巴特尔斯老师和母亲的努力下，高斯获得了由布伦斯维克公爵资助的学费。高斯在 15 岁时考入高中，他不仅要学习数学，还开始学习希腊语和拉丁语等古典语言，并取得了惊人的进步。

在 3 年大学期间，高斯通读了过去众多伟大数学家的著作，最用功学习的是牛顿的《自然哲学的数学原理》。这本不朽的杰作记述了从力学原理到行星运动的方方面面。

另外，在校期间他还致力于数论的研究，并发现了被他称为"黄金定理"的二次互反律。

除此之外，他还发明了前文中用三条横线表示的同余式符号。

高斯在 18 岁时进入著名的哥根廷大学学习。完成学业后，他在 1807 年到 1855 年间一直作为教授留校工作，哥根廷大学也因此成为当时世界范围内的数学研究中心。

不过，高斯在进入大学后也曾为前途感到迷茫，不知自己该成为一名数学家还是一名语言学家。

3. 解决正 n 边形的作图问题

高斯在大学的第二年，也就是 1796 年的 3 月 30 日，终于决定要成为一名数学家。

因为在这一天，他发现了正十七边形的尺规作图法。想必大家都知道，我们只用直尺和圆规就能画出正三边形（等边三角形）。

另外，我们也能利用尺规作图法画出正四边形、正五边形和正六边形。

但是，我们却无论如何也画不出正七边形。古人曾尝试使用各种方法，最终都以失败告终了。

自古以来，有很多人研究过用尺规作图法来画正多边形的问题，但只有高斯真正地解决了这个难题。

就在 1796 年 3 月 30 日，高斯发现了正十七边形的尺规作图法。

他用数论而非几何学的方法解决了这个问题，也对"当 n 为哪些整数时，可以用直尺和圆规作出正 n 边形"这一问题做出了完整的解答。

他给出的答案如下：

当 $\varphi(n) = 2^s$ 且只有满足该条件时，我们才能用直尺和圆规作出正 n 边形（关于 $\varphi(n)$，请参考本书第 5 章第 2 节）。

由于这一定理的证明过程超出了本书的范围，所以我在此将其省略。不过，该定理确实解决了有关正 n 边形的难题。

我们可以试着将一些具体的数值代入 n，即可求得下列 $\varphi(n)$：

$$\varphi(3) = 2, \varphi(4) = 2^2 - 2 = 2, \varphi(5) = 4 = 2^2,$$

$$\varphi(6) = 2, \varphi(7) = 6, \varphi(8) = 4 = 2^2,$$

$$\varphi(9) = 3^2 - 3 = 6, \varphi(10) = 4 = 2^2, \cdots$$

因此，我们可以通过 $\varphi(n)$ 的数值判断能否利用尺规作图法画出正 n 边形。

当 $n = 17$ 时，$\varphi(17) = 16 = 2^4$，所以根据高斯发现的定理可知，可以用直尺和圆规作出正十七边形。

对于高斯而言，1796 年 3 月 30 日无疑是值得纪念的一天，他也从这一天起开始坚持写日记。

高斯出身贫寒，为了节约纸张，他在写日记时故意把字写得很小、很密。他的这些日记中，记载了大量当时数学领域的重大发现。

4. 代数学基本定理

高斯在哥廷根大学的学习生活结束于 1798 年，这是他在数学领域最活跃、最高产的时期。其间，他独立完成了以数论为核心的学术巨著《算术研究》。

1798 年，高斯转入黑尔姆施泰特大学，之后提交了自己的学位论文。这篇论文的内容便是现今所谓的"代数学基本定理"。

想必一定有读者学过一元二次方程吧。所谓的一元二次方程，就是指形式为

$$ax^2 + bx + c = 0$$

的方程。该方程的根可以用以下公式表示。

$$x = \frac{-b \pm \sqrt{b^2 - 4ac}}{2a}$$

如果根号中的数是正数，那么 $\sqrt{b^2 - 4ac}$ 就是实数。如果根号中的数是负数，那么其结果就是复数而非实数。

也就是说，如果不将数的范围从实数扩展到复数，那么就无法求解所有的一元二次方程。

反言之，只要扩展到复数就能解开任意一元二次方程。

那么，一元三次方程、一元四次方程等高次方程的情况又如何呢？高斯的学位论文给出了这个问题的答案：

一元 n 次方程有 n 个复数根。

也就是说，只要将数的范围扩展至复数，那么就能解开包括一元二次方程在内的一元 n 次方程。

《算术研究》于 1801 年出版，当时的高斯只有 24 岁。这本书可以说是高斯最杰出的著作，它的出版对于数学的发展史而言也是具有划时代意义的重大事件。

此后，高斯在数学的所有领域都取得了惊人的研究成果。可以说，几乎不存在他不曾涉及的数学领域。

此外，高斯的研究还不仅局限于数学，在天文学、物理学、力学和地质测量等领域也都有他活跃的身影。在电磁学中，至今还在使用"高斯"这个单位。

高斯于 1855 年 2 月 23 日逝世，享年 78 岁。

不过，只要数学仍在，他的名字就永远不会消失。

第 5 章

同余式的威力

第 1 节　能被几整除?

我们在前文中验证了关于 (mod 7) 的同余式的性质,这些性质对于 (mod 8)、(mod 10),或者其他任意整数都成立,这是不言而喻的。我们可以像验证 (mod 7) 时那样,把 7 换成 8 或 10 等整数,进行相同的验证。因此,如果将 (mod 7) 换成 (mod n),且 n 为任意整数,那么在第 4 章"同余式与等式"这一小节中列举出的 (1)、(2)、(3)、(4)、(5)、(6) 的性质也依然成立。接下来就让我们一起思考当 n 取某一具体数值时的情况吧。

1. 能否被 2 整除 ($n = 2$)

首先,我们来看看当 $n = 2$ 时的情况。

当 $n = 2$ 时,验证 327 能否被 2 整除。

$$327 = 3 \cdot 100 + 2 \cdot 10 + 7$$

因为

$$10 \equiv 0 \ (\mathrm{mod}\ 2)$$
$$100 \equiv 0 \ (\mathrm{mod}\ 2)$$

所以

$$327 \equiv 3 \cdot 100 + 2 \cdot 10 + 7$$
$$\equiv 3 \cdot 0 + 2 \cdot 0 + 7 \equiv 7 \equiv 1 \ (\mathrm{mod}\ 2)$$

由此可知，327 无法被 2 整除。因为 $10 \equiv 0 \ (\mathrm{mod}\ 2), 100 \equiv 0$ (mod 2)，所以在判断该数能否被 2 整除时，可以忽略百位和十位上的数字，只看个位上的数字就可以了。如果个位上的数字能被 2 整除，那么这个数就能被 2 整除，否则不能被 2 整除。

习题 27　下面的数能否被 2 整除?

(1) 65　(2) 128　(3) 610　(4) 1329　(5) 24096

（参考答案见本书第 225 页）

2. 能否被 3 整除 $(n = 3)$

下面让我们来看看 (mod 3) 的情况。

$$10 \equiv 1 \ (\mathrm{mod}\ 3)$$

同余式两边同时进行 2 次方运算后可得

$$10^2 \equiv 1^2 \ (\mathrm{mod} \ 3)$$
$$100 \equiv 1 \ (\mathrm{mod} \ 3)$$

两边同时进行 3 次方运算后可得

$$10^3 \equiv 1^3 \ (\mathrm{mod} \ 3)$$
$$1000 \equiv 1 \ (\mathrm{mod} \ 3)$$

一般情况下，同余式两边同时进行 r 次方运算后均可得

$$10^r \equiv 1 \ (\mathrm{mod} \ 3)$$

通过以上事实可知，547 这样的三位数可被分解为

$$547 \equiv 5 \cdot 10^2 + 4 \cdot 10 + 7$$
$$\equiv 5 \cdot 1 + 4 \cdot 1 + 7 \equiv 5 + 4 + 7 \equiv 16 \equiv 1 \ (\mathrm{mod} \ 3)$$

所以 547 除以 3 时所得余数应为 1。

让我们来验证一下是否的确如此。

$$
\begin{array}{r}
182 \\
3 \overline{)\ 547} \\
\underline{3} \\
24 \\
\underline{24} \\
7 \\
\underline{6} \\
1
\end{array}
$$

由此可知，547 除以 3 的余数确实为 1。

所以，如果 $5 + 4 + 7 = 16$ 无法被 3 整除，那么 547 也无法被 3 整除。

当 $n = 3$ 时，判断一个数能否被 3 整除，只看各个数位上的数字之和能否被 3 整除即可。

习题 28 **下面的数除以 3 时的余数是多少？**

(1) 298   (2) 486   (3) 779   (4) 2982104

（参考答案见本书第 225 页）

---

3. 能否被 4 整除 ($n = 4$)

请大家注意观察以下几个同余式。

$$10 \equiv 2 \ (\mathrm{mod}\ 4)$$

$$100 \equiv 0 \ (\mathrm{mod}\ 4)$$

$$1000 \equiv 0 \ (\mathrm{mod}\ 4)$$

$$\cdots$$

这样的话，例如对于 1962 这个数，就有以下情况。

$$1962 \equiv 1 \cdot 1000 + 9 \cdot 100 + 6 \cdot 10 + 2$$

$$\equiv 1 \cdot 0 + 9 \cdot 0 + 6 \cdot 2 + 2$$

$$\equiv 12 + 2 \equiv 14 \equiv 2 \ (\mathrm{mod}\ 4)$$

也就是说，1962 除以 4 时所得余数应为 2。让我们来验证一下。

$$
\begin{array}{r}
490 \\
4{\overline{\smash{\big)}\,1962}} \\
\underline{16} \\
36 \\
\underline{36} \\
2 \\
\underline{0} \\
2
\end{array}
$$

通过除法运算可知，所得余数的确为 2。

4. 能否被 5 整除 $(n = 5)$

接下来是 $n = 5$ 时的情况。

因为

$$10 \equiv 0 \ (\mathrm{mod}\ 5)$$

$$100 \equiv 0 \ (\mathrm{mod}\ 5)$$

$$\cdots$$

所以，与 $n = 2$ 时一样，可以忽略十位以上数位上的数字，只关注个位上的数字即可。

$$483 = 4 \cdot 100 + 8 \cdot 10 + 3$$

$$\equiv 4 \cdot 0 + 8 \cdot 0 + 3 \equiv 3 \ (\mathrm{mod}\ 5)$$

由此可知，483 除以 5 时所得余数应为 3。

我们可以用除法运算进行验证。

$$
\begin{array}{r}
96 \\
5\overline{)483} \\
45 \\
\hline
33 \\
30 \\
\hline
3
\end{array}
$$

5. 能否被 7 整除 $(n = 7)$

下面来看看 $n = 7$ 时的情况。

$$10 \equiv 3 \ (\text{mod } 7)$$

$$10^2 \equiv 3^2 \equiv 9 \equiv 2 \ (\text{mod } 7)$$

$$10^3 \equiv 3 \cdot 2 \equiv 6 \equiv -1 \ (\text{mod } 7)$$

$$10^4 \equiv -10 \equiv -3 \ (\text{mod } 7)$$

$$10^5 \equiv -10^2 \equiv -2 \ (\text{mod } 7)$$

$$10^6 \equiv 1 \ (\text{mod } 7)$$

一个六位数可以被写成以下形式。

$$
a \cdot 10^5 + b \cdot 10^4 + c \cdot 10^3 + d \cdot 10^2 + e \cdot 10 + f
$$
$$
\equiv -a \cdot 10^2 - b \cdot 10 - c + d \cdot 10^2 + e \cdot 10 + f
$$
$$
\equiv (d \cdot 10^2 + e \cdot 10 + f) - (a \cdot 10^2 + b \cdot 10 + c)
$$

也就是说，把一个六位数分成两个三位数，用后面的数减去前面的数得到的结果与原数同余。

$$235 \quad \Big| \quad 649 \equiv 649 - 235 \equiv 414 \equiv 1 \ (\text{mod } 7)$$

因此，235649 除以 7 时所得余数应为 1。

经过除法运算验证可知，所得余数确实为 1。

$$
\begin{array}{r}
33664 \\
7\overline{)235649} \\
21 \\
\hline
25 \\
21 \\
\hline
46 \\
42 \\
\hline
44 \\
42 \\
\hline
29 \\
28 \\
\hline
1
\end{array}
$$

习题 29 **求解下列各数除以 7 时的余数。**

(1) 20485　(2) 856341　(3) 345679

（参考答案见本书第 225 页）

6. 能否被 9 整除 ($n = 9$)

下面让我们来看看当 $n = 9$ 时的情况。

$$10 \equiv 1 \pmod 9$$

$$10^2 \equiv 1 \pmod 9$$

$$10^3 \equiv 1 \pmod 9$$

$$\cdots$$

所以

$$786 \equiv 7 \cdot 100 + 8 \cdot 10 + 6$$
$$\equiv 7 \cdot 1 + 8 \cdot 1 + 6 \equiv 7 + 8 + 6 \equiv 21 \equiv 3 \ (\mathrm{mod} \ 9)$$

786 除以 9 所得余数应为 3。

$$
\begin{array}{r}
87 \\
9{\overline{)786}} \\
72 \\
\hline
66 \\
63 \\
\hline
3
\end{array}
$$

也就是说，对于 $(\mathrm{mod} \ 9)$ 而言，某个数与该数各个数位上的数字之和是同余的。

因此，如果一个数各个数位上的数字之和能被 9 整除，那么这个数就能被 9 整除。

这一性质曾被应用于验算之中。例如 214×47，分别求解这两个数各个数位的数字之和可知

$$214 \equiv 2 + 1 + 4 \equiv 7 \ (\mathrm{mod} \ 9)$$
$$47 \equiv 4 + 7 \equiv 11 \equiv 2 \ (\mathrm{mod} \ 9)$$

$$
\begin{array}{r}
214 \cdots\cdots\cdots\cdots \quad 7 \\
\times \ 47 \cdots\cdots\cdots \ \times 2 \\
\hline
1498 \qquad\qquad 14 \\
856 \qquad\qquad\quad \\
\hline
10058 \cdots 1 + 5 + 8 = 14
\end{array}
$$

两者相乘的结果为 10058，其各个数位的数字之和为

$$1 + 0 + 0 + 5 + 8 = 14$$

由此可知，这与 $7 \times 2 = 14$ 的结果一致。

这种验算方法叫作**去九法**（check by nine）。

如果在验算后出现了不一致的结果，那么计算过程中应该出现了错误，只要重新计算即可。当然，即使使用去九法验证出计算结果正确，我们也不能保证计算绝对准确可靠，因为很多错误有可能会互相抵消。不过，只要计算过程中的误差不是很大，那么发生抵消的情况是很少的。

因此，可以说去九法是一种比较可靠的验算方法。

7. 能否被 11 整除 $(n = 11)$

接下来让我们看看当 $n = 11$ 时的情况。

$$10 \equiv -1 \ (\text{mod } 11)$$

$$10^2 \equiv (-1)^2 \equiv 1 \ (\text{mod } 11)$$

$$10^3 \equiv (-1)^3 \equiv -1 \ (\text{mod } 11)$$

$$10^4 \equiv (-1)^4 \equiv 1 \ (\text{mod } 11)$$

由此可知，当指数 r 为奇数时

$$10^r \equiv -1 \ (\text{mod } 11)$$

当指数 r 为偶数时

$$10^r \equiv 1 \ (\text{mod } 11)$$

因此，

$$8265 \equiv 8 \cdot 10^3 + 2 \cdot 10^2 + 6 \cdot 10 + 5$$

$$\equiv 8 \cdot (-1) + 2 \cdot 1 + 6 \cdot (-1) + 5$$

$$\equiv -8 + 2 - 6 + 5$$

$$\equiv -(8+6) + (2+5) = -7 \equiv 4 \ (\text{mod } 11)$$

也就是说，对于 $(\text{mod } 11)$ 而言，某个数奇数位的数字之和减去偶数位的数字之和，所得结果与原数是同余的。

$$8265 \equiv (2+5) - (8+6) \equiv -7 \equiv 4 \ (\text{mod } 11)$$

$$
\begin{array}{r}
751 \\
11\overline{)8265} \\
77 \\
\hline
56 \\
55 \\
\hline
15 \\
11 \\
\hline
4
\end{array}
$$

140

习题 30

(1) 求下列各数除以 **9** 时的余数。

    (i) 3584 (ii) 111111 (iii) 7275 (iv) 1606

    (v) 9234 (vi) 333

(2) 求下列各数除以 **11** 时的余数。

    (i) 4567 (ii) 827 (iii) 726 (iv) 11111

（参考答案见本书第 225 页）

第 2 节　欧拉函数

---

1. 无法约分的分数有多少个

分母为 10 且分数值不大于 1 的分数共有以下 10 个。

$$\frac{1}{10}, \frac{2}{10}, \frac{3}{10}, \frac{4}{10}, \frac{5}{10}, \frac{6}{10}, \frac{7}{10}, \frac{8}{10}, \frac{9}{10}, \frac{10}{10}$$

如果去掉其中可以约分的分数，那么就只剩下列 4 个无法约分的分数。

$$\frac{1}{10}, \frac{3}{10}, \frac{7}{10}, \frac{9}{10}$$

也就是说，在小于 10 的正整数中，与 10 互素的数仅有 4 个。我们用 $\varphi(10)$ 来表示这个数，即 $\varphi(10) = 4$。

计算 $\varphi(n)$ 的数值可知

142

当 $n = 2$ 时 (1) $\varphi(2) = 1$

当 $n = 3$ 时 $(1, 2)$ $\varphi(3) = 2$

当 $n = 4$ 时 $(1, 3)$ $\varphi(4) = 2$

当 $n = 5$ 时 $(1, 2, 3, 4)$ $\varphi(5) = 4$

当 $n = 6$ 时 $(1, 5)$ $\varphi(6) = 2$

当 $n = 7$ 时 $(1, 2, 3, 4, 5, 6)$ $\varphi(7) = 6$

当 $n = 8$ 时 $(1, 3, 5, 7)$ $\varphi(8) = 4$

当 $n = 9$ 时 $(1, 2, 4, 5, 7, 8)$ $\varphi(9) = 6$

$\cdots$

只要如此逐一计算下去就能求得 $\varphi(n)$ 的数值，但是这种方法相当费时费力，并不是一个好方法。

2. 九九乘法表中的思考

下面，让我们一起来看看大家都很熟悉的九九乘法表。

	1	2	3	4	5	6	7	8	9
1	1	2	3	4	5	6	7	8	9
2	2	4	6	8	10	12	14	16	18
3	3	6	9	12	15	18	21	24	27
4	4	8	12	16	20	24	28	32	36
5	5	10	15	20	25	30	35	40	45
6	6	12	18	24	30	36	42	48	54
7	7	14	21	28	35	42	49	56	63
8	8	16	24	32	40	48	56	64	72
9	9	18	27	36	45	54	63	72	81

在该表中，1 行、3 行、7 行、9 行具有某种明显的特征。

其特征为，个位上的数字均为从 1 到 9 的一个轮回。

当然，不同行中数字的排列顺序也存在差异。

1 行中数字的顺序为

$$1, 2, 3, 4, 5, 6, 7, 8, 9$$

3 行中数字的顺序为

$$3, 6, 9, 2, 5, 8, 1, 4, 7$$

7 行中数字的顺序为

$$7, 4, 1, 8, 5, 2, 9, 6, 3$$

9 行中数字的顺序为

$$9, 8, 7, 6, 5, 4, 3, 2, 1$$

由此可见，7 行中数字的顺序正好与 3 行中数字的顺序相反，9 行则与 1 行相反。

不过，在这些行中都出现了从 1 到 9 的所有数字。

行数 1、3、7、9 与其他行数有什么差异呢？这么一说，想必大家一定已经注意到了，那就是这些数都与 10 互素，而且只有 $\varphi(10) = 4$ 个。

144

$$(1,10)=1, \ (3,10)=1, \ (7,10)=1, \ (9,10)=1$$

下面，我们来看一看 7 行的情况。

$$7 \cdot 1 = 7, \ 7 \cdot 2 = 14, \ 7 \cdot 3 = 21, \ \cdots, \ 7 \cdot 9 = 63$$

只看这些数的个位而忽略十位，相当于忽略 10 的倍数，所以等同于用 (mod 10) 来考虑。

$$7 \cdot 1 \equiv 7, \ 7 \cdot 2 \equiv 4, \ 7 \cdot 3 \equiv 1, \ 7 \cdot 4 \equiv 8,$$
$$7 \cdot 5 \equiv 5, \ 7 \cdot 6 \equiv 2, \ 7 \cdot 7 \equiv 9, \ 7 \cdot 8 \equiv 6,$$
$$7 \cdot 9 \equiv 3 \ (\text{mod } 10)$$

若将其转化为算式，则可表示为

$$7a \equiv b \ (\text{mod } 10)$$

这就赋予了从 a 到 b 的对应关系。根据上面的式子，如下图所示，我们可以把由从 1 到 9 的数字组成的"小团队"对应到由相同的数字组成的"小团队"中。不过，此时 a 中的不同的数字绝对不可能对应 b 中的同一个的数字。

a	1	2	3	4	5	6	7	8	9
	↓	↓	↓	↓	↓	↓	↓	↓	↓
b	7	4	1	8	5	2	9	6	3

我们在此做个假设，假如不同的 a 和 a' 都对应 b，试试看会

得到怎样的结果。写出同余式后，再对同余式两边分别进行减法运算。

$$7a \equiv b \quad (\text{mod } 10)$$
$$- \quad 7a' \equiv b \quad (\text{mod } 10)$$
$$\overline{7(a - a') \equiv 0 \quad (\text{mod } 10)}$$

因为 7 与 10 互素，所以根据前文中的定理 03（第 28 页）可知，必然有

$$a - a' \equiv 0 \ (\text{mod } 10)$$

也就是说，

$$a \equiv a' \ (\text{mod } 10)$$

又因为 a 和 a' 均为小于 10 的数，所以

$$a = a'$$

也就是说，$a \to b$ 的映射是一一对应的。因此，b 应该为从 1 到 9 的所有数。

由此可知，7 行中所有数个位上的数字必然是从 1 到 9 的所有数。

1 行、3 行和 9 行也是如此。可以说，对于 10 而言成立的性质，对于一般的数 n 而言也成立。

3. 欧拉定理

令小于 n 且与 n 互素的正整数为

$$a_1, a_2, \cdots, a_{\varphi(n)}$$

如果 x 与 n 互素，那么

$$a_1 x, a_2 x, \cdots, a_{\varphi(n)} x$$

也均与 n 互素，而且它们都属于不同的类。如果其中存在属于相同类的数，那么

$$a_i x \equiv a_k x \pmod{n}$$
$$(a_i - a_k) x \equiv 0 \pmod{n}$$

因为 x 与 n 互素，所以

$$a_i - a_k \equiv 0 \pmod{n}$$
$$a_i \equiv a_k$$
$$i = k$$

所以，$(a_1 x, a_2 x, \cdots, a_{\varphi(n)} x)$ 与 $(a_1, a_2, \cdots, a_{\varphi(n)})$ 是相同的类，只是顺序不同而已。

因此，这些数的乘积是同余的。

$$(a_1 x)(a_2 x) \cdots (a_{\varphi(n)} x) \equiv a_1 a_2 \cdots a_{\varphi(n)} \pmod{n}$$
$$a_1 a_2 \cdots a_{\varphi(n)} x^{\varphi(n)} \equiv a_1 a_2 \cdots a_{\varphi(n)} \pmod{n}$$
$$a_1 a_2 \cdots a_{\varphi(n)} (x^{\varphi(n)} - 1) \equiv 0 \pmod{n}$$

因为 $a_1 a_2 \cdots a_{\varphi(n)}$ 与 n 互素，所以根据定理 03 可知

$$x^{\varphi(n)} - 1 \equiv 0 \pmod{n}$$

$$x^{\varphi(n)} \equiv 1 \pmod{n}$$

综上所述，我们能证明以下定理。

> **定理 17** 当 x 与 n 互素时，$x^{\varphi(n)} \equiv 1 \pmod{n}$。

我们将这一定理称为欧拉定理。

> **定理 18** 当 $(a, n) = 1$ 时，$ax \equiv b \pmod{n}$ 的解为

$$x \equiv a^{\varphi(n)-1} \cdot b \pmod{n}$$

证明：

一般来说，虽然方程 $ax = b$ 的解可以用 $x = a^{-1}b$ 的形式表示，但因为 a^{-1} 不是整数，所以无法直接套用这一形式。不过，根据欧拉定理 $x^{\varphi(n)} \equiv 1 \pmod{n}$ 可知

$$a^{\varphi(n)-1} \cdot a \equiv 1 \pmod{n}$$

将式子两边同乘 $a^{\varphi(n)-1}$ 可得

$$\underbrace{a^{\varphi(n)-1} \cdot a}_{1} x \equiv a^{\varphi(n)-1} \cdot b \pmod{n}$$

$$x \equiv a^{\varphi(n)-1} \cdot b \pmod{n}$$

（证明完毕）

例 求解 $4x \equiv 5 \pmod 7$。

解 因为 $(4,7)=1$，所以可根据定理 18 求解。

$$\varphi(7)=6$$

$$x \equiv 4^{6-1} \cdot 5 \equiv 4^5 \cdot 5 \equiv 4^2 \cdot 4^2 \cdot 4 \cdot 5 \equiv 16 \cdot 16 \cdot 4 \cdot 5 \equiv 2 \cdot 2 \cdot 4 \cdot 5$$

$$\equiv 4 \cdot 4 \cdot 5 \equiv 16 \cdot 5 \equiv 2 \cdot 5 \equiv 3 \pmod 7$$

习题 31 求解下面的同余式。

(1) $3x \equiv 2 \pmod 5$ (2) $7x \equiv 6 \pmod{10}$

(3) $2x \equiv 3 \pmod 9$ (4) $5x \equiv 2 \pmod 8$

(5) $3x \equiv 10 \pmod 7$

（参考答案见本书第 226 页）

---

4. $\varphi(n)$ 的巧妙运算

下面让我们来看看 $\varphi(n)$ 的巧妙运算。

首先，假定 n 为一个素数的乘方。

$$n = p^{\alpha}$$

此时，小于 p^{α} 且与 p^{α} 不互素的正整数为

$$p, 2p, 3p, \cdots, (p^{\alpha-1}-1)p$$

共有 $(p^{\alpha-1} - 1)$ 个。

又因为小于 p^α 的正整数有 $p^\alpha - 1$ 个，所以与 p^α 互素的数的个数为这二者之差。

$$\varphi(p^\alpha) = (p^\alpha - 1) - (p^{\alpha-1} - 1) = p^\alpha - p^{\alpha-1}$$
$$= p^\alpha \left(1 - \frac{1}{p}\right)$$

令 $n = lm$，l 与 m 互素。此时，让与 l 互素且小于 l 的正整数为

$$a_1, a_2, \cdots, a_{\varphi(l)}$$

让与 m 互素且小于 m 的正整数为

$$b_1, b_2, \cdots, b_{\varphi(m)}$$

在此我们可以绘制出如下表格。

	b_1	b_1	$\cdots$	$b_{\varphi(m)}$
a_1				
a_2				
a_3				
$\cdots$				
$a_{\varphi(l)}$				

该表的空白单元格的数量显然为 $\varphi(l)\varphi(m)$。

150

小于 $n = lm$ 且与 n 互素的数 c 除以 l 后，所得余数 r 仍然与 l 互素。这是因为当 $c = ql + r$ 时，如果 r 与 l 具有大于 1 的公约数，那么 r 与 c 也具有相同的公约数，而这与 c 和 lm 互素的假设是矛盾的，因此 r 必然为 $a_1, a_2, \cdots, a_{\varphi(n)}$ 中的某个数。我们令其为 a_i。

$$c \equiv a_i \pmod{l}$$

同理，c 除以 m 时所得的余数也与 m 互素，且为 $b_1, b_2, \cdots, b_{\varphi(n)}$ 中的某个数，我们令其为 b_k。

$$c \equiv b_k \pmod{m}$$

此时 c 与 (a_i, b_k) 这种组合存在对应关系。这种对应关系是一对一的，因为如果 c 和 c' 对应相同的 (a_i, b_k)，则

$$c \equiv a_i \quad c' \equiv a_i \pmod{l}$$
$$c - c' \equiv 0 \pmod{l}$$
$$c \equiv b_k \quad c' \equiv b_k \pmod{m}$$
$$c - c' \equiv 0 \pmod{m}$$

因为 l 与 m 互素，所以根据前面的定理可知

$$c - c' \equiv 0 \pmod{lm}$$
$$c \equiv c' \pmod{n}$$

因为 c 和 c' 都小于 n，所以

$$c = c'$$

反之，我们必然能找到与任意 (a_i, b_k) 对应的 c，这样的 c 只要满足下面的同余式即可。

$$c \equiv a_i \pmod{l}$$
$$c \equiv b_k \pmod{m}$$

$c \equiv a_i \pmod{l}$ 可以写成 $c = a_i + lx$。

$$a_i + lx \equiv b_k \pmod{m}$$
$$lx \equiv b_k - a_i \pmod{m}$$

因为 $(l, m) = 1$，所以根据定理 18，该同余式有解。

因此，必然存在满足 $c \equiv a_i \pmod{l}, c \equiv b_k \pmod{m}$ 的 c。

由此可知，$\varphi(lm)$ 个 c 与 (a_i, b_k) 一一对应。

因为 (a_i, b_k) 的组数为 $\varphi(l)\varphi(m)$，所以

$$\varphi(lm) = \varphi(l)\varphi(m)$$

当然，以上等式仅在 $(l, m) = 1$ 时成立。

如果此关系成立，那么我们就能轻易地计算出 $\varphi(p_1{}^{\alpha_1} p_2{}^{\alpha_2} \cdots p_s{}^{\alpha_s})$。

如果令 $l = p_1{}^{\alpha_1}$，$m = p_2{}^{\alpha_2} \cdots p_s{}^{\alpha_s}$，则显然 $(l, m) = 1$。所以

$$\varphi(p_1{}^{\alpha_1} p_2{}^{\alpha_2} \cdots p_s{}^{\alpha_s}) = \varphi(p_1{}^{\alpha_1})\varphi(p_2{}^{\alpha_2} \cdots p_s{}^{\alpha_s})$$

152

在此令

$$l = p_2{}^{\alpha_2}, m = p_3{}^{\alpha_3} \cdots p_s{}^{\alpha_s}$$

则

$$（左边）= \varphi(p_1{}^{\alpha_1})\varphi(p_2{}^{\alpha_2})\varphi(p_3{}^{\alpha_3}\cdots p_s{}^{\alpha_s})$$

依次计算可得

$$
\begin{aligned}
（左边）&= \varphi(p_1{}^{\alpha_1})\varphi(p_2{}^{\alpha_2})\cdots\varphi(p_s{}^{\alpha_s})\\
&= (p_1{}^{\alpha_1} - p_1{}^{\alpha_1-1})(p_2{}^{\alpha_2} - p_2{}^{\alpha_2-1})\cdots(p_s{}^{\alpha_s} - p_s{}^{\alpha_s-1})\\
&= p_1{}^{\alpha_1} p_2{}^{\alpha_2}\cdots p_s{}^{\alpha_s}\left(1 - \frac{1}{p_1}\right)\left(1 - \frac{1}{p_2}\right)\cdots\left(1 - \frac{1}{p_s}\right)
\end{aligned}
$$

使用这个公式，因为 $10 = 2 \cdot 5$，所以

$$\varphi(10) = (2-1)(5-1) = 4$$

$$\varphi(8) = 2^3 - 2^2 = 4$$

$$\cdots$$

对于素数 p，总有 $\varphi(p) = p - 1$。这样的 $\varphi(n)$ 叫作**欧拉函数**。虽然 $\varphi(1)$ 尚无定论，但若想使 $\varphi(lm) = \varphi(l)\varphi(m)$ 在 $l = 1$ 时也成立，那么由 $\varphi(m) = \varphi(1)\varphi(m)$ 可知，令 $\varphi(1) = 1$ 更为合理。

5. 关于 $\varphi(n)$ 的公式

我们先罗列出分母为 12 且分数值不大于 1 的所有分数。包括可以约分的分数，共有 12 个。

$$\frac{1}{12}, \frac{2}{12}, \frac{3}{12}, \frac{4}{12}, \frac{5}{12}, \frac{6}{12}, \frac{7}{12}, \frac{8}{12}, \frac{9}{12}, \frac{10}{12}, \frac{11}{12}, \frac{12}{12}$$

接下来，通过约分将其全部变成最简分数，于是可以得到以下结果。

$$\frac{1}{12}, \frac{1}{6}, \frac{1}{4}, \frac{1}{3}, \frac{5}{12}, \frac{1}{2}, \frac{7}{12}, \frac{2}{3}, \frac{3}{4}, \frac{5}{6}, \frac{11}{12}, \frac{1}{1}$$

分母是 1 的分数为 $\frac{1}{1}$ $\qquad \varphi(1) = 1$

分母是 2 的分数为 $\frac{1}{2}$ $\qquad \varphi(2) = 1$

分母是 3 的分数为 $\frac{1}{3}, \frac{2}{3}$ $\qquad \varphi(3) = 2$

分母是 4 的分数为 $\frac{1}{4}, \frac{3}{4}$ $\qquad \varphi(4) = 2$

分母是 6 的分数为 $\frac{1}{6}, \frac{5}{6}$ $\qquad \varphi(6) = 2$

分母是 12 的分数为 $\frac{1}{12}, \frac{5}{12}, \frac{7}{12}, \frac{11}{12}$ $\qquad \varphi(12) = 4$

将以上结果相加，和为 12。

$$\varphi(1) + \varphi(2) + \varphi(3) + \varphi(4) + \varphi(6) + \varphi(12)$$
$$= 1 + 1 + 2 + 2 + 2 + 4 = 12$$

下面让我们罗列出所有分母为 n 且分数值不大于 1 的分数，包括能约分的分数，其结果如下。

$$\frac{1}{n}, \frac{2}{n}, \frac{3}{n}, \cdots, \frac{n-1}{n}, \frac{n}{n}$$

这些分数共有 n 个。

约分后，其中一部分分数虽然大小保持不变，但形式已与之前大不相同。约分后分数的分母是 n 的所有约数，此时分母为 l 的最简分数的个数为 $\varphi(l)$。

因此，这些数的总和为

$$\varphi(1) + \varphi(l) + \varphi(l') + \varphi(l'') + \cdots$$

$l, l', l'', \cdots$ 为去掉 n 的所有约数的数。

显然，这与最初的分数的个数相等。

$$n = \varphi(1) + \varphi(l) + \varphi(l') + \varphi(l'') + \cdots$$

这样的加法运算可以用下面的符号表示。

$$\sum_{l/n} \varphi(l)$$

该符号表示"对 l/n，即能整除 n 的所有 l 的 $\varphi(l)$ 进行相加"。

l/n 表示" l 能整除 n "。因此，上面的算式可以写成以下形式。

$$n = \sum_{l/n} \varphi(l)$$

该公式理论上适用于任意数。下面就让我们列举几个实例（对照下表），看一看 $n=12$、$n=21$ 和 $n=36$ 时的情况如何。

$n=12$		$n=21$		$n=36$	
l	$\varphi(l)$	l	$\varphi(l)$	l	$\varphi(l)$
1	1	1	1	1	1
2	1	3	2	2	1
3	2	7	6	3	2
4	2	21	12	4	2
6	2	合计	21	6	2
12	4			9	6
合计	12			12	4
				18	6
				36	12
				合计	36

$$\sum_{l/12} \varphi(l) = 12$$

$$\sum_{l/21} \varphi(l) = 21$$

$$\sum_{l/36} \varphi(l) = 36$$

习题 33

(1) 当 $n = 15, 24, 30, 35, 42, 48$ 时，试验证上述与 n 相关的公式。

(2) 请列出当 $n = 30$ 时小于 n 且与 30 互素的正整数，并验证这些数是否均为素数。

（参考答案见本书第 228 页）

6. 费马小定理

当 n 为素数 p 时，

$$\varphi(p) = p - 1$$

由于以上情况比较特殊，所以作为欧拉定理的特例，我们可以得出下面的定理。

定理 19 当 p 为素数且 x 与 p 互素时，

$$x^{p-1} \equiv 1 \pmod{p}$$

我们将这个定理称为**费马小定理**。

7. 同余式中的多项式和因数定理

由 $x, x^2, \cdots, x^n$ 构成的算式叫作 x 的多项式。

$$f(x) = a_0 x^n + a_1 x^{n-1} + \cdots + a_{n-1}x + a_n$$

在此，$f(x)$ 可以看作是包含 x 的算式。

因为在该算式中只出现了 $+$、$-$、$\times$ 的运算，所以如果赋予 x 某一定值并将其代入算式，就能通过 $+$、$-$、$\times$ 的运算求得 $f(x)$ 的值。

把 $x = c$ 代入 $f(x)$ 中进行计算，所得结果可用 $f(c)$ 表示。

$$f(c) = a_0 c^n + a_1 c^{n-1} + \cdots + a_{n-1}c + a_n$$

在此，我们可以随时改变 $f(x)$ 的形式，将 x 的多项式变为 $(x - \alpha)$ 的多项式。首先，令 $x - \alpha = t$，则 $x = t + \alpha$。

然后，用 $t + \alpha$ 替换 x，将其代入 $f(x)$ 中，则

$$f(t + \alpha) = a_0(t+\alpha)^n + a_1(t+\alpha)^{n-1} + \cdots + \alpha_{n-1}(t+\alpha) + \alpha_n$$

接着，去掉 $(t+\alpha)^n$，$(t+\alpha)^{n-1}, \cdots$ 的括号，进行分解运算，再使用 $t, t^2, \cdots, t^n$ 来表示，最终的形式如下。

$$（左边）= b_0 t^n + b_1 t^{n-1} + \cdots + b_{n-1}t + b_n$$

这里为了使公式简单，我们在公式中使用 $b_0, b_1, \cdots, b_{n-1}, b_n$，但其实，这些数都是由 $a_0, a_1, \cdots, a_{n-1}, a_n$ 和 α 组成的复杂算式。

158

此时如果再次将 t 替换为 $x - \alpha$，即可得到以下算式。

$$f(x) = b_0(x - \alpha)^n + b_1(x - \alpha)^{n-1} + \cdots + b_{n-1}(x - \alpha) + b_n$$

$b_0, b_1, \cdots, b_n$ 确实是复杂的算式，不过我们可以立即求出最后面的 b_n，只需将 $x = \alpha$ 代入即可。这样一来，等式右边除 b_n 以外的项都为 0，

$$f(\alpha) = 0 + 0 + \cdots + 0 + b_n$$

因此

$$b_n = f(\alpha) = a_0\alpha^n + a_1\alpha^{n-1} + \cdots + a_{n-1}\alpha + a_n$$

即

$$f(x) = b_0(x - \alpha)^n + b_1(x - \alpha)^{n-1} + \cdots + b_{n-1}(x - \alpha) + f(\alpha)$$

若 p 为素数，$f(\alpha) \equiv 0 \pmod{p}$，则

$$\begin{aligned} f(x) &\equiv b_0(x - \alpha)^n + b_1(x - \alpha)^{n-1} + \cdots + b_{n-1}(x - \alpha) \\ &\equiv (x - \alpha)\left\{b_0(x - \alpha)^{n-1} + \cdots + b_{n-1}\right\} \qquad \pmod{p} \end{aligned}$$

综上可得以下定理。

定理 20　若 p 为素数，$f(\alpha) \equiv 0 \pmod{p}$，则 $f(x)$ 可写为以下形式。

$$f(x) \equiv (x - \alpha)\, g(x) \pmod{p}$$

这个定理非常重要。

使用这个定理，我们可进一步推导出以下定理。

定理 21 令 p 为素数，$f(x)$ 为 x 的多项式，且 $\alpha_1, \alpha_2, \cdots, \alpha_k$ 对于 $(\bmod\ p)$ 不是互为同余的整数。

如果 $f(\alpha_1) \equiv 0, f(\alpha_2) \equiv 0, \cdots, f(\alpha_k) \equiv 0\ (\bmod\ p)$

则 $f(x)$ 可写为以下形式。

$$f(x) \equiv (x - \alpha_1)(x - \alpha_2) \cdots (x - \alpha_k)g(x)\ (\bmod\ p)$$

证明:

因为 $f(\alpha_1) \equiv 0$，所以根据定理 20 可知

$$f(x) \equiv (x - \alpha_1)f_1(x)\ (\bmod\ p)$$

在此令 $x \equiv \alpha_2$，则

$$f(\alpha_2) \equiv (\alpha_2 - \alpha_1)f_1(\alpha_2)\ (\bmod\ p)$$
$$0 \equiv (\alpha_2 - \alpha_1)f_1(\alpha_2)\ (\bmod\ p)$$

由于我们预设 α_1 和 α_2 不同余，所以 $\alpha_2 - \alpha_1$ 无法被 p 整除。不过，由于 p 为素数，所以根据定理 03 可知，$f_1(\alpha_2)$ 应该能被 p 整除。

$$f_1(\alpha_2) \equiv 0\ (\bmod\ p)$$

请注意，"p 为素数" 在此扮演着重要的角色。如果 p 不是素数，那么就无法得出 $f_1(\alpha_2) \equiv 0\ (\bmod\ p)$ 的结论。

因此，根据定理 20 可知

$$f_1(x) \equiv (x - \alpha_2)f_2(x) \pmod{p}$$

即

$$f(x) \equiv (x - \alpha_1)(x - \alpha_2)f_2(x) \pmod{p}$$

以此类推，逐一对 $\alpha_3, \alpha_4, \cdots, \alpha_k$ 进行相同的运算，最终可得

$$f(x) \equiv (x - \alpha_1)(x - \alpha_2) \cdots (x - \alpha_k)g(x) \pmod{p} \quad \textbf{（证明完毕）}$$

---

8. 威尔逊定理

在这里，我们假定 $f(x)$ 的系数全都与 0 不同余，最初与 0 不同余的系数为 a_0。

$$a_0 \not\equiv 0 \pmod{p}$$
$$f(x) = a_0 x^n + a_1 x^{n-1} + \cdots + a_{n-1}x + a_n$$

此时（对于定理 21 中的 k）可知

$$n \geqslant k$$

根据费马小定理，由多项式

$$f(x) = x^{p-1} - 1$$

可以得到以下结果

$$f(1) \equiv 0, f(2) \equiv 0, \cdots, f(p-1) \equiv 0$$

因为当 $p > 2$ 时为奇数，所以

$$
\begin{aligned}
f(x) &\equiv x^{p-1} - 1 \\
&\equiv (x-1)(x-2)\cdots(x-p+1)g(x) \\
&\equiv \left\{ x^{p-1} - \cdots + 1 \cdot 2 \cdot 3 \cdots (p-1) \right\} g(x)
\end{aligned}
$$

比较 x^{p-1} 的系数可知，必须满足 $g(x) = 1$。

因此

$$
x^{p-1} - 1 \equiv x^{p-1} - \cdots + 1 \cdot 2 \cdot 3 \cdots (p-1)
$$

两边均令 $x \equiv 0$，可得

$$
-1 \equiv 1 \cdot 2 \cdot 3 \cdots (p-1) \pmod{p}
$$

若 $p = 2$，则

$$
-1 \equiv 1 \pmod 2
$$

综上，可以得出以下定理成立。我们将该定理称为威尔逊定理。

定理 22 若 p 为素数，则 $1 \cdot 2 \cdot 3 \cdots (p-1) \equiv -1 \pmod{p}$

习题 34 请验证 $p = 7$ 时的威尔逊定理。

（参考答案见本书第 228 页）

反言之，只有当于 p 为素数时，

$$1 \cdot 2 \cdot 3 \cdots \cdot (p-1) \equiv -1 \ (\mathrm{mod} \ p) \ \text{才成立}。$$

因此，通过验证

$$1 \cdot 2 \cdot 3 \cdots \cdot (p-1) + 1$$

能否被 p 整除，就能判断 p 是否为素数。

$$
\begin{aligned}
p &= 2 & & 1 + 1 = 2 \\
p &= 3 & & 1 \cdot 2 + 1 = 3 \\
p &= 4 & & 1 \cdot 2 \cdot 3 + 1 = 7 \\
p &= 5 & & 1 \cdot 2 \cdot 3 \cdot 4 + 1 = 25 \\
p &= 6 & & 1 \cdot 2 \cdot 3 \cdot 4 \cdot 5 + 1 = 121 \\
p &= 7 & & 1 \cdot 2 \cdot 3 \cdot 4 \cdot 5 \cdot 6 + 1 = 721 \\
& \cdots
\end{aligned}
$$

但是，随着 p 的增大，$1 \cdot 2 \cdot 3 \cdots \cdot (p-1)$ 会急剧增大，所以这种判断方法并没有什么实际的用途。

若 p 为素数，则可以说下面的同余式总是成立的。

$$1 \cdot 2 \cdot 3 \cdots \cdot (p-1) \equiv -1 \quad (\mathrm{mod} \ p)$$

若 p 不是素数，则该同余式不成立。如果 p 是大于 1 的两个数的乘积，即

$$p = qr \ (p - 1 > q > 1)$$

此时，

$$1 \cdot 2 \cdot 3 \cdots (p-1)$$

中必然会出现 q。

由此可知

$$1 \cdot 2 \cdot 3 \cdots (p-1) \equiv 0 \pmod{q}$$

因此，$1 \cdot 2 \cdot 3 \cdots (p-1)$ 与 -1 不同余，即

$$1 \cdot 2 \cdot 3 \cdots (p-1) \not\equiv -1 \pmod{q}$$

当然，对于 $\pmod{p}$ 也是如此。

$$1 \cdot 2 \cdot 3 \cdots (p-1) \not\equiv -1 \pmod{p}$$

综上可得以下定理。

定理 23 当 $1 \cdot 2 \cdot 3 \cdots (n-1) \equiv -1 \pmod{n}$ 时，n 为素数。

习题 35 当 n 为从 2 到 10 的数时，验证下面的同余式是否成立，并判断 n 是否为素数。

$$1 \cdot 2 \cdot 3 \cdots (n-1) \equiv -1 \pmod{n}$$

（参考答案见本书第 229 页）

第3节　百五减算

1.《尘劫记》与百五减算

在日本江户时代的数学书中，《尘劫记》可能是最有名的一部著作了。这本书的作者是吉田光由（1598—1672）。

书中有一个名为"百五减算"的问题，具体内容如下。

有棋不知其数，七七减之剩二，五五减之剩一，三三减之剩二，问棋几何？

棋有八十六也。

《尘劫记》出版于1627年，虽然书中使用的文字很古老，但意思却简单易懂。

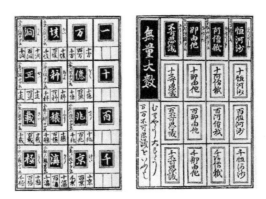

《尘劫记》中记载着我们现在仍在使用的数的名称

"七七减之"是被 7 除的意思。因此，若将上面的古文翻译过来，则其内容如下。

"某个整数 x 除以 7 时余数为 2，除以 5 时余数为 1，除以 3 时余数为 2，试问 x 为何数？"

可用同余式将这个问题表示为如下形式。

$$\begin{cases} x \equiv 2 \ \ (\mathrm{mod}\ 7) \\ x \equiv 1 \ \ (\mathrm{mod}\ 5) \\ x \equiv 2 \ \ (\mathrm{mod}\ 3) \end{cases}$$

要解答这个问题，无非是要找出同时满足以上三个同余式的 x，也就是求解联立同余式。

当然，这样的 x 不止一个，因为任意一个解加上 $7 \times 5 \times 3 = 105$ 后都会变成另外一个新的解。

"百五减"的名称便由此而来。

2. 一般联立同余式的解法

如果将该问题一般化，就变成了下面的情况。

$$
\begin{cases}
x \equiv a_1 \pmod{m_1} \\
x \equiv a_2 \pmod{m_2} \\
\cdots \\
x \equiv a_r \pmod{m_r}
\end{cases}
$$

问题变为求解同时满足上述联立同余式的 x。

此时，令 $m_1, m_2, m_3, \cdots, m_r$ 均为两两互素。

《尘劫记》中的问题相当于 $r = 3, m_1 = 7, m_2 = 5, m_3 = 3, a_1 = 2,$ $a_2 = 1, a_3 = 2$ 时的情况。因此，只要了解一般联立同余式的解法，"百五减算"就只不过是一道应用题而已。

首先，让我们从 $a_1, a_2, \cdots, a_r$ 的最简单的组合开始思考吧。由于数中最简单的莫过于 0 和 1，所以先来看看下面的组合。

$$
a_1 = 1, a_2 = 0, \cdots, a_r = 0
$$

也就是说，这是一个只有 a_1 为 1，其余值全部为 0 的组合。

我们将这个特定组合代入联立同余式中求解。

$$\begin{cases} x \equiv 1 \pmod{m_1} \\ x \equiv 0 \pmod{m_2} \\ \cdots \\ x \equiv 0 \pmod{m_r} \end{cases}$$

该联立同余式意味着，从第二个同余式开始，后面的 x 能被 $m_2, m_3, \cdots, m_r$ 整除。因为 $m_2, m_3, \cdots, m_r$ 互素，所以根据前面的定理可知，x 必然能被它们的乘积 $m_2 m_3 \cdots m_r$ 整除，即

$$x = y m_2 m_3 \cdots m_r$$

因为该等式中的 x 必然满足

$$x \equiv 1 \pmod{m_1}$$

所以只要解出以下同余式即可

$$y m_2 m_3 \cdots m_r \equiv 1 \pmod{m_1}$$

这样的 y 是

$$y m_2 m_3 \cdots m_r - z m_1 = 1$$

的解。又因为 $m_2 m_3 \cdots m_r$ 与 m_1 互素，所以根据定理 18 可知，必然存在这样的 y。

令满足该等式的 y 为 y_1，与其对应的 x 为 x_1，则

$$x_1 = y_1 m_2 m_3 \cdots m_r$$

接下来，我们可以将 $a_1, a_2, a_3, \cdots, a_r$ 的组合设定为 $(0, 1, 0, \cdots, 0)$，也就是只有 a_2 为 1，其余值全部为 0 的情况，令此时的解为 x_2。

同理，令只有 a_3 为 1，其余 a_i 全部为 0 时的解为 x_3。

通过该方法可以得到 $x_1, x_2, \cdots, x_r$ 等 r 个解。

这些解可具体归纳如下。

$$x_1 \equiv 1, x_2 \equiv 0, x_3 \equiv 0, \cdots, x_r \equiv 0 \pmod{m_1}$$
$$x_1 \equiv 0, x_2 \equiv 1, x_3 \equiv 0, \cdots, x_r \equiv 0 \pmod{m_2}$$
$$x_1 \equiv 0, x_2 \equiv 0, x_3 \equiv 1, \cdots, x_r \equiv 0 \pmod{m_3}$$
$$\cdots$$
$$x_1 \equiv 0, x_2 \equiv 0, x_3 \equiv 0, \cdots, x_r \equiv 1 \pmod{m_r}$$

在此基础上乘以 $a_1, a_2, \cdots, a_r$ 之后再求和，即可得出 x 的值。

$$a_1 x_1 + a_2 x_2 + \cdots + a_r x_r = x$$

这样的 x 就是我们想要的答案。下面让我们来逐一对其进行验证吧。

首先对 $\pmod{m_1}$ 进行验证

$$x = a_1 x_1 + a_2 x_2 + \cdots + a_r x_r$$
$$\vdots \qquad \vdots \qquad\qquad \vdots$$
$$\equiv a_1 \cdot 1 + a_2 \cdot 0 + \cdots + a_r \cdot 0$$
$$\equiv a_1 \pmod{m_1}$$

接下来，对 $(\bmod\ m_2)$ 进行验证

$$x = a_1x_1 + a_2x_2 + \cdots + a_rx_r$$

$$\vdots \qquad \vdots \qquad\qquad \vdots$$

$$\equiv a_1 \cdot 0 + a_2 \cdot 1 + \cdots + a_r \cdot 0$$

$$\equiv a_2 \quad (\bmod\ m_2)$$

之后利用完全相同的方法对 $m_3, m_4, \cdots, m_r$ 逐一进行验证，可知

$$x \equiv a_3 \quad (\bmod\ m_3)$$
$$x \equiv a_4 \quad (\bmod\ m_4)$$
$$\cdots$$
$$x \equiv a_r \quad (\bmod\ m_r)$$

现在，我们就已经掌握了这种解法。

下面让我们利用该解法去解决《尘劫记》中的问题吧。

令

$$r = 3, m_1 = 7, m_2 = 5, m_3 = 3, a_1 = 2, a_2 = 1, a_3 = 2$$

我们先来求解 x_1，其结果如下。

$$x_1 \equiv 1 \ (\bmod\ 7) \cdots\cdots\cdots\cdots (i)$$
$$x_1 \equiv 0 \ (\bmod\ 5) \cdots\cdots\cdots\cdots (ii)$$
$$x_1 \equiv 0 \ (\bmod\ 3) \cdots\cdots\cdots\cdots (iii)$$

根据 (ii) 和 (iii) 的同余式可知，x_1 应该能被 5 和 3 整除，所以 x_1 必然是 15 的倍数。

$$x_1 = 15y_1$$

将其代入 (i) 中可得

$$15y_1 \equiv 1 \pmod 7$$

因为 $15 \equiv 1 \pmod 7$，所以

$$1 \cdot y_1 \equiv 1 \pmod 7$$
$$y_1 = 1$$

由此可知，$x_1 = 15y_1 = 15$

接下来，我们来求解 x_2。

$$x_2 \equiv 0 \pmod 7 \cdots\cdots\cdots\cdots\text{(iv)}$$
$$x_2 \equiv 1 \pmod 5 \cdots\cdots\cdots\cdots\text{(v)}$$
$$x_2 \equiv 0 \pmod 3 \cdots\cdots\cdots\cdots\text{(vi)}$$

根据 (iv) 和 (vi) 的同余式可知，x_2 必然是 $3 \times 7 = 21$ 的倍数。

$$x_2 = 21y_2$$

将其代入 (v) 中可得

$$21y_2 \equiv 1 \pmod 5$$

因为 $21 \equiv 1 \pmod 5$，所以

$$1 \cdot y_2 \equiv 1 \pmod 5$$
$$y_2 = 1$$

因此，

$$x_2 = 21y_2 = 21 \times 1 = 21$$

现在，我们再用同样的方法求解 x_3。

$$x_3 \equiv 0 \pmod 7 \cdots\cdots\cdots\cdots \text{(vii)}$$
$$x_3 \equiv 0 \pmod 5 \cdots\cdots\cdots\cdots \text{(viii)}$$
$$x_3 \equiv 1 \pmod 3 \cdots\cdots\cdots\cdots \text{(ix)}$$

根据 (vii) 和 (viii) 的同余式可知，x_3 必然是 $7 \times 5 = 35$ 的倍数。

$$x_3 = 35y_3$$

将其代入 (ix) 中可得

$$35y_3 \equiv 1 \pmod 3$$

因为 $35 \equiv -1 \pmod 3$，所以

$$(-1)y_3 \equiv 1 \pmod 3$$
$$-y_3 \equiv 1 \pmod 3$$
$$y_3 \equiv -1 \equiv 2 \pmod 3$$

因此，可以令 $y_3 = 2$，那么此时

$$x_3 = 35y_3 = 35 \times 2 = 70$$

根据上述计算可知，只要令 $x_1 = 15, x_2 = 21, x_3 = 70$ 即可。

因此，将 x_1、x_2、x_3 的值代入，可得

$$
\begin{aligned}
x &= a_1x_1 + a_2x_2 + a_3x_3 \\
&\quad \vdots \qquad \vdots \qquad \vdots \\
&= 2 \cdot 15 + 1 \cdot 21 + 2 \cdot 70 \\
&= 30 \quad + 21 \quad + 140 \\
&= 191
\end{aligned}
$$

191 也是该问题的一个答案。若想求得更小的解，可以用 191 除以 $7 \times 5 \times 3 = 105$ 后取余数即可。

$$191 \equiv 86 \ (\mathrm{mod}\ 105)$$

也就是说，该问题的答案为 86。

《尘劫记》中记载了多个问题的解法。其中，"百五减算"的解法如下。

七七减之时，令半十五（x_1）入算，得三十（a_1x_1）；五五减之时，令半二十一（x_2）入算；三三减之时，令半七十（x_3）入算，得百四十（a_3x_3），三者合百九十一时减百五 (mod 105)，剩八十六也。

这段文字用古文阐述了前面的计算过程。大家想一想，用文字和算式对问题进行说明，哪个更容易理解呢？

习题 36 求下面各组联立同余式的解。

(1) $\begin{cases} x \equiv 2 \ (\text{mod } 5) \\ x \equiv 3 \ (\text{mod } 7) \end{cases}$

(2) $\begin{cases} x \equiv 1 \ (\text{mod } 4) \\ x \equiv 3 \ (\text{mod } 9) \\ x \equiv 2 \ (\text{mod } 5) \end{cases}$

(3) $\begin{cases} x \equiv 3 \ (\text{mod } 15) \\ x \equiv 0 \ (\text{mod } 7) \\ x \equiv 2 \ (\text{mod } 11) \end{cases}$

（参考答案见本书第 229 页）

第 6 章

站在抽象代数学的门前

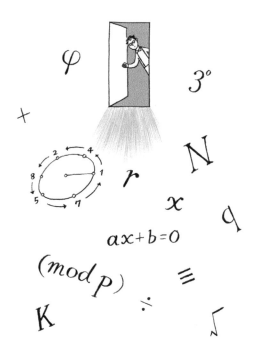

第 1 节 循环小数

1. 循环小数的秘密

有限小数可以随意转换成分数。

$$0.4 = \frac{4}{10} = \frac{2}{5}$$
$$3.14 = \frac{314}{100} = \frac{157}{50}$$

然而，分数就不一定能随意转换成小数了。例如

$$\frac{2}{3} = 0.666666\cdots$$
$$\frac{1}{7} = 0.\overline{142857}\,\overline{142857}\cdots$$

这两个分数转换成的小数是没有尽头的无限小数。

其中，1/7 可以表示为 $1/7 = 0.\dot{1}4285\dot{7}$。

不过，我们通过计算这些分数的值可以发现，小数位中会有一

些数字以固定的顺序重复出现，我们将这样的小数称为**循环小数**。

在循环小数中蕴藏着各种有趣的秘密，下面就让我们一起揭开它的神秘面纱吧。

假设真分数 r/q 是无法继续约分的分数，也就是最简分数。

当分数转换成循环小数时，其实分子 r 并不怎么重要，起关键作用的是分母 q。

2. 分母与 10 互素的分数

对 q 进行分解素因数，让其结果为

$$q = 2^{\alpha} \cdot 5^{\beta} \cdot n$$

n 为除 2 和 5 以外的素因数的乘积。α 和 β 也可以为 0。

首先我们来思考一下当 $\alpha = \beta = 0$，即

$$q = n$$

时的情况。当然，此时 n 不包含 2 和 5，所以 n 与 10 互素。

根据欧拉定理可知

$$10^{\varphi(n)} \equiv 1 \pmod{n}$$

对于 10^h 而言，即使 h 小于 $\varphi(n)$，下面的同余式也可能成立。

$$10^h \equiv 1 \pmod{n}$$

我们把符合条件的最小的 h 设定为 h。

$$\frac{r}{n} = 0.c_1 c_2 \cdots c_h c_{h+1} c_{h+2} \cdots$$

等式两边同时乘以 10^h 后可得

$$10^h \frac{r}{n} = c_1 c_2 c_3 \cdots c_h . c_{h+1} c_{h+2} \cdots$$

让上面式子的两边再同时减去原式，则等式左边变为

$$\frac{10^h r}{n} - \frac{r}{n} = \frac{(10^h - 1)r}{n}$$

因为 $10^h \equiv 1 \pmod{n}$，$\frac{10^h - 1}{n}$ 为整数，所以等式左边为整数，因此小数部分应该是一致的，即

$$0.c_1 c_2 \cdots c_h c_{h+1} \cdots = 0.c_{h+1} c_{h+2} \cdots$$

由此可知，

$$c_1 = c_{h+1}, \ c_2 = c_{h+2}, \cdots$$

那么 $c_1, c_2, \cdots, c_h$ 等数字应该是无限重复出现的。由于此时从最初的 c_1 开始重复循环，所以这样的无限小数就叫作**纯循环小数**。

也就是说，$10^h \equiv 1 \pmod{n}$ 中最小的 h 为循环节的长度。

反言之，当 $c_1, \cdots, c_h$ 循环出现时，

$$10^h \frac{r}{n} - \frac{r}{n} = \frac{(10^h - 1)r}{n}$$

应该为整数。

因为 r 与 n 互素，所以 $10^h - 1$ 必然能被 n 整除。

$$10^h \equiv 1 \ (\text{mod } n)$$

即 h 为最短的循环节的长度。

例如

$$\frac{1}{11} = 0.9090\cdots = 0.\dot{9}\dot{0}$$

的循环节长度为 2。又因为

$$10^2 = 100 \equiv 1 \ (\text{mod } 11)$$

所以此时 $h = 2$。h 与循环节的长度一致。

当 $n = 13$ 时，

$$10^2 \equiv 9, 10^3 \equiv 12, 10^4 \equiv 3, 10^5 \equiv 4, 10^6 \equiv 1 \ (\text{mod } 13)$$

h 为 6。我们来实际计算一下 $1/13$。

$$
\begin{array}{r}
0.076923 \\
13\overline{)100} \\
91 \\
\overline{90} \\
78 \\
\overline{120} \\
117 \\
\overline{30} \\
26 \\
\overline{40} \\
39 \\
\overline{1}
\end{array}
$$

$$\frac{1}{13} = 0.\dot{0}7692\dot{3}$$

通过计算，1/13 的循环节长度确实为 6。

> **习题 37** 求解下面的分数的循环节长度，并通过计算进行验证。
>
> $$\frac{2}{3}, \frac{5}{9}, \frac{7}{41}, \frac{4}{37}$$
>
> （参考答案见本书第 233 页）

3. 分母不与 10 互素的分数

下面我们来看一看 q 不与 10 互素的情况，也就是 α 和 β 均不全为 0 的情况。

因为

$$q = 2^{\alpha} \cdot 5^{\beta} \cdot n$$

所以为了使

$$\frac{m}{q} = \frac{m}{2^{\alpha} 5^{\beta} n} = 0.b_1 b_2 b_3 \cdots$$

的分母中不含 2 和 5，我们把等式两边同时乘以 10^r。α 和 β 中不小于其他数的数即为 r 的最小值。乘以满足这一条件的 10^r 后可得

$$\frac{10^r m}{q} = \frac{km}{n} = b_1 b_2 \cdots b_r . b_{r+1} b_{r+2} \cdots$$

其中分母 n 与 10 互素。

该分数乘以 10^r 后可能会变成带分数。

$$\frac{10^r m}{q} = \frac{km}{n} = b_1 b_2 \cdots b_r + \frac{m'}{n}$$

m'/n 也是一个纯循环小数。

也就是说，这种分数的循环节长度是除去 r 的长度之后的 h 的长度。这种无限小数叫作**混循环小数**。

例如

$$\frac{7}{220} = \frac{7}{2^2 \cdot 5 \cdot 11}$$

因为当 $r = 2$ 时 $10^2 \equiv 1 \pmod{11}$，所以小数部分的前两位不循环，应该从第三位开始循环，且循环节长度为 2。

通过计算可知，事实的确如此。

$$\frac{7}{220} = 0.03\dot{1}\dot{8}$$

习题 38 下列分数从小数位的第几位开始循环，循环节的长度又是多少呢？

$$\frac{5}{24}, \frac{11}{75}, \frac{13}{350}, \frac{7}{60}$$

（参考答案见本书第 233 页）

4. 分母为 7 的分数

下面让我们来看一看分母为 7 的分数。

首先，因为

$$10 \equiv 3 \qquad (\mathrm{mod}\ 7)$$
$$10^2 \equiv 9 \equiv 2 \qquad (\mathrm{mod}\ 7)$$
$$10^3 \equiv 6 \qquad (\mathrm{mod}\ 7)$$
$$10^4 \equiv 4 \qquad (\mathrm{mod}\ 7)$$
$$10^5 \equiv 5 \qquad (\mathrm{mod}\ 7)$$
$$10^6 \equiv 1 \qquad (\mathrm{mod}\ 7)$$

所以 $10^h \equiv 1\ (\mathrm{mod}\ 7)$ 中最小的 h 为 6。

因此，分母为 7 的真分数的循环节长度应为 6。

让我们通过计算 1/7 来进行验证。

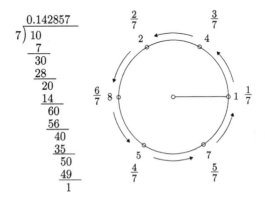

计算至此，小数位中出现了第一个相同的 1，所以应该是从这

里开始循环。

$$\frac{1}{7} = 0.\dot{1}4285\dot{7}$$

接下来是 $3 \div 7$

$$\frac{3}{7} = 0.\dot{4}2857\dot{1}$$

接着是 $2 \div 7$

$$\frac{2}{7} = 0.\dot{2}85714\dot{1}$$

然后是 $6 \div 7$

$$\frac{6}{7} = 0.\dot{8}57142\dot{2}$$

接着是 $4 \div 7$

$$\frac{4}{7} = 0.\dot{5}71428\dot{8}$$

然后是 $5 \div 7$

$$\frac{5}{7} = 0.\dot{7}14285\dot{5}$$

如果以此顺序罗列，那么循环节就会随之逐一替换。也就是说，前一个分数乘以 10 后减去后面的分数，结果为整数，即

$$\frac{1}{7} \times 10 - \frac{3}{7} = 整数$$

$$\frac{10-3}{7} = 整数$$

所以

$$10 \equiv 3 \qquad\qquad (\text{mod } 7)$$

$$\frac{3}{7} \times 10 - \frac{2}{7} = 整数 \qquad (\text{mod } 7)$$

$$3 \times 10 \equiv 2 \qquad\qquad (\text{mod } 7)$$

$$3^2 \equiv 2 \qquad\qquad (\text{mod } 7)$$

$$2 \cdot 10 \equiv 2 \cdot 3 \equiv 3^3 \equiv 6 \qquad (\text{mod } 7)$$

$$6 \cdot 10 \equiv 6 \cdot 3 \equiv 3^4 \equiv 4 \qquad (\text{mod } 7)$$

$$4 \cdot 10 \equiv 4 \cdot 3 \equiv 3^5 \equiv 5 \qquad (\text{mod } 7)$$

$$5 \cdot 10 \equiv 5 \cdot 3 \equiv 3^6 \equiv 1 \qquad (\text{mod } 7)$$

因此

$$3^0 \equiv 3^6 \equiv 1 \qquad (\text{mod } 7)$$

$$3^1 \equiv 3 \qquad\qquad (\text{mod } 7)$$

$$3^2 \equiv 2 \qquad\qquad (\text{mod } 7)$$

$$3^3 \equiv 6 \qquad\qquad (\text{mod } 7)$$

$$3^4 \equiv 4 \qquad\qquad (\text{mod } 7)$$

$$3^5 \equiv 5 \qquad\qquad (\text{mod } 7)$$

由此可见，小于 7 的 $1, 2, \cdots, 6$ 全都可以用 3 的乘方来表示。如果用 N 表示 $1, 2, 3, 4, 5, 6$，用 I 表示 $N \equiv 3^s$ 中的 s，就能得出下表所示的对应关系。

N	1	2	3	4	5	6
I	0	2	1	4	5	3

使用该表可以轻松地进行同余式的乘法运算。

$$
\begin{array}{ccc}
N & & I \\
2 \equiv 3^2 \rightarrow & & 2 \\
\underline{\times\ 6} \equiv 3^3 \rightarrow & & \underline{+\ 3} \\
5 \equiv 3^5 \leftarrow & & 5
\end{array}
$$

即

$$2 \times 6 \equiv 5 \ (\mathrm{mod}\ 7)$$

N 的乘法运算等同于 I 的加法运算，这使计算得到了简化。

5. 原根

之所以能够进行这种简便运算，是因为对于 $(\mathrm{mod}\ 7)$，3 具有特别便利的性质。根据费马小定理可知

$$3^{7-1} \equiv 3^6 \equiv 1 \ (\mathrm{mod}\ 7)$$

但是，小于 6 的正 h 绝对无法满足

$$3^h \equiv 1 \ (\mathrm{mod}\ 7)$$

由于 3 的特殊性，所以

$$3^0, 3^1, 3^2, 3^3, 3^4, 3^5$$

满足 $\varphi(7) = 7 - 1 = 6$ 个的所有类。

对于一般的素数 p，

$$g^{p-1} \equiv 1 \ (\mathrm{mod}\ p)$$

小于 $p-1$ 的正 h 绝对无法满足

$$g^h \equiv 1 \ (\mathrm{mod}\ p)$$

的时候，g 就叫作 p 的**原根**。

我们可以证明，所有素数均存在这样的原根。在此让我们省略具体的证明过程，试着寻找几个素数的原根吧。（参照本书附录）

当 $p = 11$ 时情况如何呢？

我们可以先从数值较小的数开始尝试。为此，我们依次列出 2^n，并省略式子末尾处的 $(\mathrm{mod}\ 11)$。

$$2^2 \equiv 4, 2^3 \equiv 8, 2^4 \equiv 16 \equiv 5, 2^5 \equiv 10, 2^6 \equiv 20 \equiv 9,$$
$$2^7 \equiv 18 \equiv 7, 2^8 \equiv 14 \equiv 3, 2^9 \equiv 6, 2^{10} \equiv 12 \equiv 1$$

由此可见，当计算到 2^{10} 时出现了第一个 $2^{10} \equiv 1$，所以 2 为 11 的原根。

N	1	2	3	4	5	6	7	8	9	10
I	0	1	8	2	4	9	7	3	6	5

使用该表可以求解以下同余式。

$$ax \equiv 1 \pmod{11}$$

当 $a = 2^s$ 时, 令 $x = 2^{p-1-s}$, 则

$$ax \equiv 2^s \cdot 2^{p-1-s} \equiv 2^{p-1} \equiv 1 \pmod{11}$$

例如, 在求解以下同余式时

$$8x \equiv 1 \pmod{11}$$

因为

$$8 = 2^3$$

所以 x 取下面的数值即可。

$$x = 2^{10-3} = 2^7 \equiv 7 \pmod{11}$$

接下来让我们试着求解 $p = 17$ 时的原根。首先还是从数值较小的 2 开始, 并在此省略式子末尾的 (mod 17)。

$$2^1 \equiv 2, 2^2 \equiv 4, 2^3 \equiv 8, 2^4 \equiv 16, 2^5 \equiv 32 \equiv 15,$$
$$2^6 \equiv 13, 2^7 \equiv 9, 2^8 \equiv 18 \equiv 1$$

因为 $2^8 \equiv 1$ 且指数 8 小于 16, 所以 2 不是 17 的原根。那么接下来, 我们可以尝试用 3 进行计算。

188

$$3^1 \equiv 3, 3^2 \equiv 9, 3^3 \equiv 27 \equiv 10, 3^4 \equiv 30 \equiv 13,$$
$$3^5 \equiv 39 \equiv 5, 3^6 \equiv 15, 3^7 \equiv 45 \equiv 11, 3^8 \equiv 33 \equiv 16,$$
$$3^9 \equiv 48 \equiv 14, 3^{10} \equiv 52 \equiv 8, 3^{11} \equiv 24 \equiv 7,$$
$$3^{12} \equiv 21 \equiv 4, 3^{13} \equiv 12, 3^{14} \equiv 36 \equiv 2, 3^{15} \equiv 6, 3^{16} \equiv 18 \equiv 1$$

因为计算到 3^{16} 时首次出现 $3^{16} \equiv 1$，所以 3 是 17 的原根。

N	1	2	3	4	5	6	7	8	9	10	11	12	13	14	15	16
I	0	14	1	12	5	15	11	10	2	3	7	13	4	9	6	8

让我们用上表求解下面的同余式吧。

$$11x \equiv 6 \pmod{17}$$

根据上表可知，

$$11 \equiv 3^7, \ 6 \equiv 3^{15}$$

因此，该同余式可改写为

$$3^7 x \equiv 3^{15} \pmod{17}$$

根据费马小定理可知，$3^{16} \equiv 1 \pmod{17}$。若想将该同余式变成 $x \equiv \cdots \pmod{17}$ 的形式，则需两边同时乘以 3^9。

$$3^9 3^7 x \equiv 3^9 3^{15} \quad (\text{mod } 17)$$
$$3^{16} x \equiv 3^{24} \quad (\text{mod } 17)$$
$$1x \equiv 3^{16} 3^8 \quad (\text{mod } 17)$$
$$x \equiv 3^8 \quad (\text{mod } 17)$$

根据上表可知，$3^8 \equiv 16 \ (\text{mod } 17)$，所以

$$x \equiv 16 \ (\text{mod } 17)$$

例 求小于 17 的素数 p 的最小原根 $g(p)$。

解 当 $p = 2$ 时，$g(2) = 2$

当 $p = 3$ 时，因为 $2^2 \equiv 1$，所以 $g(3) = 2$

当 $p = 5$ 时，从 2 开始计算可知

1	2	3	4
2^4	2^1	2^3	2^2

因此，$g(5) = 2$

当 $p = 7$ 时，$g(7) = 3$

1	2	3	4	5	6
2^3	2^1		2^2		
3^6	3^2	3^1	3^4	3^5	3^3

当 $p = 11$ 时，$g(11) = 2$

1	2	3	4	5	6	7	8	9	10
2^{10}	2^1	2^8	2^2	2^4	2^9	2^7	2^3	2^6	2^5

当 $p = 13$ 时，$g(13) = 2$

1	2	3	4	5	6	7	8	9	10	11	12
2^{12}	2^1	2^4	2^2	2^9	2^5	2^{11}	2^3	2^8	2^{10}	2^7	2^6

当 $p = 17$ 时，$g(17) = 3$

1	2	3	4	5	6	7	8	9	10	11	12	13	14	15	16
2^8	2^1		2^2				2^3	2^7				2^6		2^5	2^4
3^{16}	3^{14}	3^1	3^{12}	3^5	3^{15}	3^{11}	3^{10}	3^2	3^3	3^7	3^{13}	3^4	3^9	3^6	3^8

习题 39 求 19 至 97 之间所有素数的原根。

（参考答案见本书第 234 页）

第 2 节　伽罗瓦的一生

1. 三大数学家

说起数学史上最伟大的天才，想必在大家的脑海中首先浮现出的就是以下三位数学家。

阿基米德、牛顿和高斯。

阿基米德（公元前 287—公元前 212），出生于西西里岛。我想大家都知道阿基米德发现了浮力的原理。他在数学领域的研究成果达到了相当于如今积分学的入门高度。他是古代伟大的数学家和物理学家。

牛顿（1642—1727）因发现万有引力而家喻户晓，他解释了围绕太阳运转的行星轨道为什么呈椭圆形。在进行相关研究的过程中，他创立了微积分学。即使是现在的研究者在设计人造卫星的运动轨迹时，也要基于牛顿创立的力学进行计算。

如前文所述，高斯（1777—1855）不仅是数论的创始人，他的研究还涉及数学的所有领域，为数学研究带来了飞跃式的发展。

阿基米德、牛顿和高斯这三位数学家在数学史上取得的成就都达到了登峰造极的地步。在他们漫长的人生中，其各自的天赋和才能充分绽放出了绚丽的花朵。

然而，在那些被载入史册的著名数学家中，也有不少英年早逝的天才。

2. 阿贝尔与伽罗瓦

例如，挪威数学家阿贝尔（1802—1829）在 27 岁时就离开了人世，但他的研究却为现今数学的发展奠定了坚实的基础。在他的研究成果中有一个著名的定理，那就是无论在五次方程中怎样组合 $+$、$-$、$\times$、$\div$、$\sqrt[n]{}$，该五次方程都没有解。

与阿贝尔同时代出生的法国数学家伽罗瓦（1811—1832）在 21 岁便早早谢世，他的研究成果是现代数学发展的起点。

伽罗瓦留存于世的论文共计 61 页，因此伽罗瓦全集是一本只有 61 页的书，但其中却汇聚了十分新颖的构想。波兰物理学家英费尔德曾在他的著作《伽罗瓦的一生》中，记载了伽罗瓦的传奇故事。

伽罗瓦

3. 代数方程与群

伽罗瓦确立了代数方程的理论。

代数方程中最简单的莫过于一次方程。

$$ax + b = 0$$

众所周知,该方程的解法如下。

$$ax = -b$$
$$x = -\frac{b}{a}$$

然后是二次方程。

$$ax^2 + bx + c = 0$$

其求解过程如下。

194

$$x^2 + \frac{b}{a}x + \frac{c}{a} = 0$$

$$x^2 + \frac{b}{a}x + \frac{b^2}{4a^2} = -\frac{c}{a} + \frac{b^2}{4a^2}$$

$$\left(x + \frac{b}{2a}\right)^2 = \frac{b^2 - 4ac}{4a^2}$$

$$x + \frac{b}{2a} = \pm\sqrt{\frac{b^2 - 4ac}{4a^2}} = \pm\frac{\sqrt{b^2 - 4ac}}{2a}$$

$$x = \frac{-b \pm \sqrt{b^2 - 4ac}}{2a}$$

由此可见，二次方程可以利用 $+$、$-$、$\times$、$\div$ 和平方根 $\sqrt{\ }$ 的完美组合来求解。

接下来是三次方程。

$$ax^3 + bx^2 + cx + d = 0$$

该方程由 16 世纪的意大利数学家塔尔塔利亚解开，方程的解依然是 $+$、$-$、$\times$、$\div$ 和平方根 $\sqrt{\ }$ 以及立方根 $\sqrt[3]{\ }$ 的组合。

四次方程的解也是如此。

然而阿贝尔在求解五次方程时却发现，利用 $+$、$-$、$\times$、$\div$ 和 $\sqrt[n]{\ }$ 是无法将其解开的。那么，只用 $+$、$-$、$\times$、$\div$ 和 $\sqrt[n]{\ }$ 能解开怎样的方程呢？伽罗瓦用**群**的理论彻底解决了这个问题。

后来，由伽罗瓦创立的群论逐渐扩展到整个数学领域，成为一种不可或缺的重要的数学思考法。

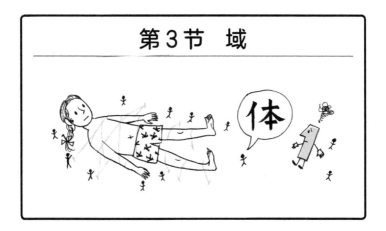

第3节 域

1. 什么是"域"

伽罗瓦提出一种名为"有限域"（finite field，日语将其称为"有限体"）的理论。在为大家做具体介绍之前，我先来讲讲什么是**域**。

我们从上小学开始就不断学习与数有关的知识，想必大家一定已经发现了，学习中接触到的数的种类在逐渐增加。我们最先接触自然数 $1, 2, 3, \cdots$，然后是 2/3、3/4 等分数和 1.5、0.04 等小数，再后来又学习了 -2、-5 等负数。

接下来会接触到诸如正方形对角线的长度等，像 $\sqrt{2}$ 这样的无理数。无理数无法用分数表示。

数自身不断进化，其种类也不断增加。这究竟是为什么呢？当然是为了方便计算。

当大家只了解自然数 $1, 2, 3, \cdots$ 的时候，虽然可以自由地进行加法运算，但却无法随意地进行减法运算，因为较小的数不能减较大的数。想让小数减大数就要创造出新的负数。也就是说，只要将数的范围扩展至负数

$$\cdots, -5, -4, -3, -2, -1, 0, 1, 2, 3, \cdots$$

就能自由地进行减法运算了。

但是，负数的出现并不能保证除法运算的自由进行，例如，我们还是无法得出 $2 \div 3$ 的结果。为此必须引入 $2/3$ 这种新的数，也就是说，分数是必需的。

包括所有正负整数和正负分数以及 0 在内的数的集合叫作有理数，数的范围扩展至此，在这一范围内可以自由地进行加、减、乘、除的运算（不过，0 不能作除数）。

这种可以自由进行加减乘除运算的数的集合就叫作**域**。因此，可以说全体有理数构成了域，即下列各等式是成立的。

有理数 + 有理数 = 有理数

有理数 − 有理数 = 有理数

有理数 × 有理数 = 有理数

有理数 ÷ 有理数（0 除外）= 有理数

不过，"域"这个字在这里没有什么特殊的含意。无论大家怎

么查询都不会找到"域"在数学中的含意。

虽然全体有理数构成了域，但域并非仅指有理数。除有理数之外，还存在无理数。有理数和无理数共同构成了**实数**，所有实数也构成了域，即下列各等式也都成立。

$$实数 + 实数 = 实数$$
$$实数 - 实数 = 实数$$
$$实数 \times 实数 = 实数$$
$$实数 \div 实数（0除外）= 实数$$

所有实数都可以自由进行加减乘除运算，因此实数也构成了域。除此之外还有很多个域。

例如，所有具有以下这种形式的数也能构成域。

$$有理数 + 有理数 \times \sqrt{2} = a + b\sqrt{2} \quad（a 和 b 为有理数）$$

任意选取两个这样的数进行加减乘除运算，其结果也永远是上面这种形式的数。由此可知，所有具有这种形式的数构成了域。

2. 最小的有限域

以上举出的域只不过是无数个域中的两三个实例，这些域中都包含着无穷多个数。

不过，并不是所有域中都一定包含无穷多个数，也存在一些由有限多个数构成的域。

由有限多个数构成的域叫作**有限域**。由于最初研究有限域的数学家为伽罗瓦，所以我们也将有限域称为"伽罗瓦域"。

在有限域中，数的个数最少为 2。

这个域就是用 (mod 2) 对整数进行分类时的剩余类。

用 (mod 2) 进行分类后，整数将被分为两类，一是包含 0 的类，即偶数；二是包含 1 的类，即奇数。我们在此假设，所有偶数用 0 表示，所有奇数用 1 表示。

$$偶 + 偶 = 偶 \qquad 0 + 0 = 0$$
$$偶 + 奇 = 奇 \qquad 0 + 1 = 1$$
$$奇 + 偶 = 奇 \qquad 1 + 0 = 1$$
$$奇 + 奇 = 偶 \qquad 1 + 1 = 0$$

大家可能觉得 $1 + 1 = 0$ 有些奇怪，但只要把它看作是奇 + 奇 = 偶的意思就很好理解了，或者也可以认为它的意思等同于 $1 + 1 \equiv 0 \ (\mathrm{mod}\ 2)$。

乘法运算的情况如下。

$$偶 \times 偶 = 偶 \qquad 0 \times 0 = 0$$
$$偶 \times 奇 = 偶 \qquad 0 \times 1 = 0$$
$$奇 \times 偶 = 偶 \qquad 1 \times 0 = 0$$
$$奇 \times 奇 = 奇 \qquad 1 \times 1 = 1$$

具有上述 + 和 × 的计算规则的 0 和 1 的集合就构成了域。

根据前文（第 4 章第 3 节）可知，利用 (mod n) 对整数分类后，$+$ 和 $\times$ 等各种运算规则仍然成立。

$$a + b \equiv b + a \quad ab \equiv ba \;(\text{mod } n)$$
$$(a + b) + c \equiv a + (b + c) \;(\text{mod } n)$$
$$(ab)c \equiv a(bc) \quad a(b + c) \equiv ab + ac \;(\text{mod } n)$$

当然，对于 (mod 2) 应该也成立。

另外，对于非 0 的"数"，也就是 1 而言，其逆元[①]为 1 本身，所以 $\div 1$ 和 $\times 1$ 的结果相同。

也就是说，$\{0, 1\}$ 这个"数"的集合构成了域。

3. 用 mod 3 进行分类时的有限域

下面我们来看看 (mod 3) 的情况。

剩余类包含 0，1，2 这三类。加法运算和乘法运算如下表所示。

加法

	0	1	2
0	0	1	2
1	1	2	0
2	2	0	1

乘法

	0	1	2
0	0	0	0
1	0	1	2
2	0	2	1

[①] 通常在数学领域它与"倒数"的意思相同，指该"数"乘以"某数"等于 1 时的"某数"。

由该表可知，由于 $1 \times 1 \equiv 1, 2 \times 2 \equiv 1$，所以 1 的逆元为 1，2 的逆元为 2。也就是说，0 以外的数都有逆元，所以 $\{0, 1, 2\}$ 构成了域。

4. 用 mod 4 进行分类则无法构成有限域

接下来让我们用 $(\bmod 4)$ 进行分类。

剩余类共包含 0，1，2，3 这四类。

加法

	0	1	2	3
0	0	1	2	3
1	1	2	3	0
2	2	3	0	1
3	3	0	1	2

乘法

	0	1	2	3
0	0	0	0	0
1	0	1	2	3
2	0	2	0	2
3	0	3	2	1

根据上表可知，此时 $2 \cdot 2 \equiv 0$，所以 2 没有逆元。

也就是说，因为非 0 的 2 没有逆元，所以不能构成域。

5. 用 mod 5 进行分类时的有限域

下面让我们来试试用 $(\bmod 5)$ 进行分类。由于剩余类包含 0，1，2，3，4，所以加法和乘法表如下。

加法	0	1	2	3	4
0	0	1	2	3	4
1	1	2	3	4	0
2	2	3	4	0	1
3	3	4	0	1	2
4	4	0	1	2	3

乘法	0	1	2	3	4
0	0	0	0	0	0
1	0	1	2	3	4
2	0	2	4	1	3
3	0	3	1	4	2
4	0	4	3	2	1

根据乘法表可知，

1 的逆元为 1

2 的逆元为 3

3 的逆元为 2

4 的逆元为 4

由此可知，除 0 以外的其他"数"都有逆元。

6. 若 p 为素数，则剩余类为有限域

至此，我们可以推测出当 n 为素数时，$(\bmod\ n)$ 的剩余类能构成个数为 n 的有限域。

事实的确如此。

我们知道，当 p 为素数且用 $(\bmod\ p)$ 进行分类时，费马小定理是成立的。

也就是说，对于非 0 的 a 而言，以下同余式恒成立。

$$a^{p-1} \equiv 1 \pmod{p}$$

在此令 $a^{p-1} = a \cdot a^{p-2}$，则

$$a \cdot a^{p-2} \equiv 1 \pmod{p}$$

由此可知，a^{p-2} 是 a 的逆元。

因此，非 0 的 a 确实总是存在逆元。由此可知，相应的剩余类可以构成域。

例如 (mod 5)

1 的逆元为

$$1^{p-2} = 1^{5-2} = 1^3 = 1$$

2 的逆元为

$$2^{5-2} = 2^3 = 8 \equiv 3$$

同理可得

$$3^3 = 27 \equiv 2$$
$$4^3 = 64 \equiv 4$$

再如 (mod 7)

1 的逆元为

$$1^{p-2} = 1^{7-2} = 1^5 = 1$$

2，3，4，5，6 的逆元分别为

$$2^5 = 32 \equiv 4$$
$$3^5 = 9 \cdot 27 \equiv 2 \cdot 6 = 12 \equiv 5$$
$$4^5 = 16 \cdot 16 \cdot 4 \equiv 2 \cdot 2 \cdot 4 = 16 \equiv 2$$
$$5^5 = 25 \cdot 25 \cdot 5 \equiv 4 \cdot 4 \cdot 5 = 80 \equiv 3$$
$$6^5 = 36 \cdot 36 \cdot 6 \equiv 1 \cdot 1 \cdot 6 \equiv 6$$

综上，以素数 p 为 mod 后得到的剩余类能构成个数为 p 的有限域，由此可知 1 个素数有 1 个有限域。然而，由于素数有无穷多个，所以有限域也有无穷多种类。

习题 40 请分别做出 (mod 11) 和 (mod 13) 的剩余类的加法和乘法运算表，求解 0 以外的数的逆元，并证明其为有限域。

（参考答案见本书第 234 页）

---

7. 根据原根表找出逆元

如果我们手边有原根表，那么就能轻松地找出逆元。

例如 (mod 7)。因为原根为 3，所以

$$1 \equiv 3^6$$

204

$$2 \equiv 3^2$$
$$3 \equiv 3^1$$
$$4 \equiv 3^4$$
$$5 \equiv 3^5$$
$$6 \equiv 3^3$$

由此可知

1 的逆元为	1
2 的逆元为	$3^{6-2} \equiv 3^4 \equiv 4$
3 的逆元为	$3^{6-1} \equiv 3^5 \equiv 5$
4 的逆元为	$3^{6-4} \equiv 3^2 \equiv 2$
5 的逆元为	$3^{6-5} \equiv 3^1 \equiv 3$
6 的逆元为	$3^{6-3} \equiv 3^3 \equiv 6$

也就是说，当 3^s 表示逆元时，用 6 减去（原来的数的）指数即可得到 s。

第 4 节 原根

---

1. mod 13 中的原根

让我们以素数 p 为基准，试着探究某数 x 在几次方时会首次出现 $x^r \equiv 1$ 的情况。对于同余式 $x^r \equiv 1 \pmod{p}$，满足指数为 $(p-1)$ 时首次出现 $x^{p-1} \equiv 1$ 的数 x 就是原根。

例如，当 $p=13$ 时，我们来看看小于 $p-1$ 的数，也就是 $1, 2, 3, 4, 5, 6, 7, 8, 9, 10, 11, 12$ 分别在几次方时首次出现 $x^r \equiv 1 \pmod{13}$。为此，我们需要对这 12 个数逐一进行乘方运算。

$$\underline{1^1 \equiv 1}$$
$$2^1 \equiv 2, 2^2 \equiv 4, 2^3 \equiv 8, 2^4 \equiv 3, 2^5 \equiv 6, 2^6 \equiv 12,$$
$$2^7 \equiv 11, 2^8 \equiv 9, 2^9 \equiv 5, 2^{10} \equiv 10, 2^{11} \equiv 7, \underline{2^{12} \equiv 1}$$
$$3^1 \equiv 3, 3^2 \equiv 9, \underline{3^3 \equiv 1}$$
$$4^1 \equiv 4, 4^2 \equiv 3, 4^3 \equiv 12, 4^4 \equiv 9, 4^5 \equiv 10, \underline{4^6 \equiv 1}$$

$$5^1 \equiv 5, 5^2 \equiv 12, 5^3 \equiv 8, \underline{5^4 \equiv 1}$$

$$6^1 \equiv 6, 6^2 \equiv 10, 6^3 \equiv 8, 6^4 \equiv 9, 6^5 \equiv 2, 6^6 \equiv 12,$$

$$6^7 \equiv 7, 6^8 \equiv 3, 6^9 \equiv 5, 6^{10} \equiv 4, 6^{11} \equiv 11, \underline{6^{12} \equiv 1}$$

$$7^1 \equiv 7, 7^2 \equiv 10, 7^3 \equiv 5, 7^4 \equiv 9, 7^5 \equiv 11, 7^6 \equiv 12,$$

$$7^7 \equiv 6, 7^8 \equiv 3, 7^9 \equiv 8, 7^{10} \equiv 4, 7^{11} \equiv 2, \underline{7^{12} \equiv 1}$$

$$8^1 \equiv 8, 8^2 \equiv 12, 8^3 \equiv 5, \underline{8^4 \equiv 1}$$

$$9^1 \equiv 9, 9^2 \equiv 3, \underline{9^3 \equiv 1}$$

$$10^1 \equiv 10, 10^2 \equiv 9, 10^3 \equiv 12, 10^4 \equiv 3, 10^5 \equiv 4, \underline{10^6 \equiv 1}$$

$$11^1 \equiv 11, 11^2 \equiv 4, 11^3 \equiv 5, 11^4 \equiv 3, 11^5 \equiv 7, 11^6 \equiv 12,$$

$$11^7 \equiv 2, 11^8 \equiv 9, 11^9 \equiv 8, 11^{10} \equiv 10, 11^{11} \equiv 6, \underline{11^{12} \equiv 1}$$

$$12^1 \equiv 12, \underline{12^2 \equiv 1}$$

当 1~12 的 r 次方首次出现 $x^r \equiv 1$ 时，r 对应的数值如下表所示。

N	1	2	3	4	5	6	7	8	9	10	11	12
r	1	12	3	6	4	12	12	4	3	6	12	2

根据 r 的大小进行分类，可以得到如下结果。

(1) r 为 $p-1=12$ 的所有约数。

(2) 个数为 $\varphi(r)$。当 $r=12$，即原根在 $r=12$ 的情况下为 $2, 6, 7, 11$，个数只有 $\varphi(12)=4$ 个。

r	N	个数
1	1	1
2	12	1
3	3, 9	2
4	5, 8	2
6	4, 10	2
12	2, 6, 7, 11	4

2. 素数 p 的原根

当然，上述 (1) 和 (2) 的结论仅在 (mod 13) 这种特殊情况下成立。

在此我想向大家证明，(1) 和 (2) 对于任意素数 p 都是成立的。

(a) 对于一个数 r，令

$$x^r \equiv 1 \ (\mathrm{mod} \ p)$$

而小于 r 的 r' 绝对无法满足以下同余式

$$x^{r'} \equiv 1 \ (\mathrm{mod} \ p)$$

我们假设存在若干个满足上述条件的 x。

首先，这样的 r 必须是 $p-1$ 的约数。

为了验证这一点，我们可以用 r 除以 $p-1$，令余数为 r'。

$$p - 1 = qr + r' \quad (0 \leqslant r' < r)$$

因为 $x^r \equiv 1$，所以 $(x^r)^q \equiv 1$

$$x^{p-1} \equiv x^{qr+r'} \equiv (x^r)^q \cdot x^{r'} \equiv 1 \cdot x^{r'} \equiv x^{r'} \equiv 1 \pmod{p}$$

因此，r' 必然为 0。

由此可知，$p-1 = qr$，即 r 为 $p-1$ 的约数。

(b) 对于这样的 x 而言

$$1, x, x^2, \cdots, x^{r-1}$$

对于 $(\bmod\ p)$ 不互为同余。

若 $0 < k < l < r$，

$$x^l \equiv x^k \pmod{p}$$

则

$$x^l - x^k \equiv x^k (x^{l-k} - 1) \equiv 0 \pmod{p}$$

因此，

$$x^{l-k} \equiv 1 \pmod{p}$$

又因为 $0 < k < l < r$，所以这与 r 最小的假设矛盾。

(c) 令 $f(x) = x^r - 1$，则

$$f(x) \equiv 0, f(x^2) \equiv 0, \cdots, f(x^{r-1}) \equiv 0 \pmod{p}$$

因为

$$f(x^k) = (x^k)^r - 1 = x^{kr} - 1 = (x^r)^k - 1 \equiv 1^k - 1 \equiv 0 \pmod{p}$$

所以 $1, x, x^2, \cdots, x^{r-1}$ 应为 $f(x)$ 的所有根。

其中，r 次方首次满足 $x^r \equiv 1$ 的 x，在 $\alpha_1, \alpha_2, \cdots, \alpha_s$ 与 r 互素时只有

$$x^{\alpha_1}, x^{\alpha_2}, x^{\alpha_3}, \cdots, x^{\alpha_s} \quad (s = \varphi(r))$$

$\varphi(r)$ 个。若 $(k, r) = l > 1$，令

$$k = ln, r = lm, m < r$$

则

$$(x^k)^m \equiv (x^{ln})^m \equiv x^{lmn} \equiv (x^r)^n \equiv 1$$

对于小于 r 的 m，$x^m \equiv 1$。

因此，（属于 r 的 x 的个数）$\leqslant \varphi(r)$。

然而，这样的 x 共有 $p - 1$ 个，根据前文的公式（第 155 页）可知

$$p - 1 = \sum_{r/p-1} \varphi(r)$$

所以，对于任意一个 r，（x 的个数）都小于 $\varphi(r)$，这将导致以下结果

$$p - 1 > p - 1$$

矛盾是显而易见的。

因此，对于所有 r 而言，首次出现 $x^r \equiv 1 \pmod{p}$ 时 x 应该恰好有 $\varphi(r)$ 个，所以 $p - 1$ 必然只与 $\varphi(p-1)$ 相对应。

以上我们证明了所有素数 p 都必然存在原根。

然而，我们很难确定素数 p 的原根到底是什么。不过，已经有很多研究者求出了原根并将其绘制成表，我们只要直接使用前人的研究成果即可。

因此，素数 p 的剩余类 $1, 2, 3, \cdots, p-1$ 均为一个确定的原根的乘方，即可将其表示为（原根）^{x} 的形式。此时的 x 叫作**指标**。附录中附有原根表。

习题 41　试用原根证明威尔逊定理。

（参考答案见本书第 236 页）

习题参考答案

【习题 01 】（习题见本书第 15 页）

(1) $(95, 57) = (38, 57) = (38, 19) = 19$ (2) $(138, 46) = 46$

(3) $(116, 87) = (29, 87) = 29$ (4) $(63, 105) = (63, 42) = (21, 42) = 21$

(5) $(51, 85) = (51, 34) = (17, 34) = 17$

(6) $(216, 32) = (24, 32) = (24, 8) = 8$

(7) $(39, 91) = (39, 13) = 13$ (8) $(48, 102) = (48, 6) = 6$

(9) $(68, 204) = 68$ (10) $(72, 120) = (72, 48) = (24, 48) = 24$

(11) $(82, 123) = (82, 41) = 41$ (12) $(35, 49) = (35, 14) = (7, 14) = 7$

【习题 02 】（习题见本书第 17 页）

$(69, 105) = (69, 36) = (33, 36) = (33, 3) = 3$ $(49, 56) = (49, 7) = 7$

$(38, 95) = (38, 19) = 19$ $(27, 93) = (27, 12) = (3, 12) = 3$

$(42, 102) = (42, 18) = (6, 18) = 6$

【习题 03 】（习题见本书第 18 页）

(1) 因为 $\frac{677}{263} = 2 + \frac{151}{263}$, $\frac{263}{151} = 1 + \frac{112}{151}$,

$\frac{151}{112} = 1 + \frac{39}{112}$, $\frac{112}{39} = 2 + \frac{34}{39}$, $\frac{39}{34} = 1 + \frac{5}{34}$,

$\frac{34}{5} = 6 + \frac{4}{5}$, $\frac{5}{4} = 1 + \frac{1}{4}$, $\frac{4}{1} = 4$,

所以 $(677, 263) = 1$

(2) 因为 $\frac{58}{48} = 1 + \frac{10}{48}$, $\frac{48}{10} = 4 + \frac{8}{10}$, $\frac{10}{8} = 1 + \frac{2}{8}$, $\frac{8}{2} = 4$,

所以 $(48, 58) = 2$

(3) 因为 $\frac{91}{56} = 1 + \frac{35}{56}$, $\frac{56}{35} = 1 + \frac{21}{35}$, $\frac{35}{21} = 1 + \frac{14}{21}$,

$\frac{21}{14} = 1 + \frac{7}{14}$, $\frac{14}{7} = 2$,

所以 $(91, 56) = 7$

(4) 因为 $\frac{112}{60} = 1 + \frac{52}{60}$, $\frac{60}{52} = 1 + \frac{8}{52}$, $\frac{52}{8} = 6 + \frac{4}{8}$, $\frac{8}{4} = 2$,

所以 $(60, 112) = 4$

(5) 因为 $\frac{100}{72} = 1 + \frac{28}{72}$, $\frac{72}{28} = 2 + \frac{16}{28}$, $\frac{28}{16} = 1 + \frac{12}{16}$,

$\frac{16}{12} = 1 + \frac{4}{12}$, $\frac{12}{4} = 3$,

所以 $(72, 100) = 4$

【习题 04】（习题见本书第 23 页）

(1) $(8, 18, 39) = (8, 2, 7) = (0, 2, 1) = 1$

(2) $(121, 704, 308) = (121, 99, 66) = (55, 33, 66) = (22, 33, 0)$

$= (22, 11, 0) = 11$

(3) $(45, 69, 87) = (45, 24, 42) = (21, 24, 18) = (3, 6, 18) = 3$

(4) $(51, 68, 102) = (51, 17, 0) = 17$

(5) $(27, 48, 62, 75) = (27, 21, 8, 21) = (3, 5, 8) = (3, 2) = 1$

(6) $(32, 54, 86, 94, 132) = (32, 22, 22, 30, 4) = (0, 2, 4) = 2$

【习题 05】（习题见本书第 26 页）

(1) $(a,b)=(6,8)=2, m=9, (ma,mb)=(54,72)=18$

(2) $(a,b)=(12,21)=3, m=4, (ma,mb)=(48,84)=12$

(3) $(a,b)=(25,35)=5, m=6, (ma,mb)=(150,210)=30$

(4) $(a,b)=(45,63)=9, m=8, (ma,mb)=(360,504)=72$

(5) $(a,b)=(15,19)=1, m=3, (ma,mb)=(45,57)=3$

(6) $(a,b)=(27,39)=3, m=2, (ma,mb)=(54,78)=6$

(7) $(a,b)=(54,48)=6, m=5, (ma,mb)=(270,240)=30$

【习题 06】（习题见本书第 27 页）

(1) 因为 $(30,66)=6$，所以公约数为 $1,2,3,6$

(2) 因为 $(49,63)=7$，所以公约数为 $1,7$

(3) 因为 $(18,35)=1$，所以公约数为 1

(4) 因为 $(90,75)=15$，所以公约数为 $1,3,5,15$

(5) 因为 $(49,84)=7$，所以公约数为 $1,7$

【习题 07】（习题见本书第 37 页）

(1) 小于 1000 的孪生素数为：

$(3,5)$ $(5,7)$ $(11,13)$ $(17,19)$ $(29,31)$ $(41,43)$ $(59,61)$

$(71,73)$ $(101,103)$ $(107,109)$ $(137,139)$ $(149,151)$ $(179,181)$

$(191,193)$ $(197,199)$ $(227,229)$ $(239,241)$ $(269,271)$ $(281,283)$

$(311,313)\ (347,349)\ (419,421)\ (431,433)\ (461,463)\ (521,523)$

$(569,571)\ (599,601)\ (617,619)\ (641,643)\ (659,661)\ (809,811)$

$(821,823)\ (827,829)\ (857,859)\ (881,883)$

(2) $(5,7,11,13)\ (101,103,107,109)\ (191,193,197,199)$ 等

【习题 08】（习题见本书第 41 页）

略（可通过互联网查询"素因数分解表"）

【习题 09】（习题见本书第 44 页）

首先，因为 $[a,b]$ 是 a 和 b 的公倍数，所以 $[a,b]m$ 是 am 的倍数，也是 bm 的倍数，因此 $[a,b]m$ 是 am 和 bm 的公倍数。在此假设小于 $[a,b]m$ 的 am 和 bm 的公倍数为 q，则 $\frac{q}{m}$ 为整数且为 a 的倍数，也是 b 的倍数，所以 $\frac{q}{m}$ 是 a 和 b 的公倍数。

因为 $q<[a,b]m$，所以 $\frac{q}{m}<[a,b]$，这就导致存在一个公倍数，它小于 a 和 b 的最小公倍数 $[a,b]$，矛盾显而易见。

因此，$[a,b]m$ 是 am 和 bm 的最小公倍数。

$[am,bm]=[a,b]m$

【习题 10】（习题见本书第 53 页）

(1) 要想求解"是否存在斜边为 9 的毕达哥拉斯三角形"，只需根据定理 10 得出 $z=m^2+n^2=9$，并验证是否存在满足该条件的正

整数 m 和 n 即可。如果 m 和 n 都大于 3，就会导致 $m^2 + n^2$ 超过 9，所以 m 和 n 的值只能为 1 或 2。然而，即使均取最大值 2，即 $m = n = 2, m^2 + n^2 = 8$，结果也不可能为 9。因此，不存在 "斜边为 9 的毕达哥拉斯三角形"。

(2) 存在满足 $z = m^2 + n^2 = 29$ 的正整数 m 和 n，此时 $m = 5$，$n = 2, x = m^2 - n^2 = 21, y = 2mn = 20$，这样就构成了一个 3 条边长分别为 $(21, 20, 29)$ 的直角三角形。

(3) 因为 $y = 2mn = 28, mn = 14$，所以令 $m = 7, n = 2$，则 $x = m^2 - n^2 = 45, z = m^2 + n^2 = 53$。因此，这是一个 3 条边长分别为 $(45, 28, 53)$ 的直角三角形。

【习题 11】（习题见本书第 60 页）

(1) 对 30, 56 和 91 分解素因数可得，$30 = 2^1 \cdot 3^1 \cdot 5^1, 56 = 2^3 \cdot 7^1$，$91 = 7^1 \cdot 13^1$。因为分解素因数后的指数均为奇数，所以根据定理 11 可知，这三个数的平方根都是无理数。

(2) $\sqrt[3]{3}, \sqrt[3]{5}, \sqrt[4]{8}, \sqrt[5]{12}$ 都是无理数。由于定理 11 可进一步拓展为 "如果分解素因数后指数不全是 n 的倍数，那么该数的 n 次方根就是无理数"，并且 $3 = 3^1, 5 = 5^1, 8 = 2^3, 12 = 2^2 \cdot 3^1$，所以 $\sqrt[3]{3}$，$\sqrt[3]{5}, \sqrt[4]{8}, \sqrt[5]{12}$ 都是无理数。

216

【习题 12 】（习题见本书第 64 页）

(1) 因为 $12 = 2^2 \cdot 3^1, 18= 2^1 \cdot 3^2$

所以 $(12, 18) = 2^1 \cdot 3^1 = 6, [12, 18] = 2^2 \cdot 3^2 = 36$

(2) 因为 $49 = 7^2, 91= 7^1 \cdot 13^1$

所以 $(49, 91) = 7^1 \cdot 13^0 = 7, [49,91] = 7^2 \cdot 13^1 = 637$

(3) 因为 $64 = 2^6, 96= 2^5 \cdot 3^1$

所以 $(64, 96) = 2^5 \cdot 3^0 = 32, [64, 96] = 2^6 \cdot 3^1 = 192$

(4) 因为 $44 = 2^2 \cdot 11^1, 209 = 11^1 \cdot 19^1$

所以 $(44, 209) = 11, [44, 209] = 2^2 \cdot 11^1 \cdot 19^1 = 836$

(5) 因为 $36 = 2^2 \cdot 3^2, 30= 2^1 \cdot 3^1 \cdot 5^1$

所以 $(36, 30) = 2^1 \cdot 3^1 = 6, [36,30] = 2^2 \cdot 3^2 \cdot 5^1 = 180$

【习题 13 】（习题见本书第 65 页）

因为 $(a, b) = (14, 91) = 7$，所以 $[a, b] = [14,91] = 14 \cdot \frac{91}{7} = 182$

因为 $(a, b) = (78, 143) = 13$，所以 $[a, b] = [78, 143] = 78 \cdot \frac{143}{13} =858$

因为 $(a, b) = (51, 38) = 1$，所以 $[a, b] = [51, 38] = 51 \cdot \frac{38}{1} =1938$

因为 $(a, b) = (96, 72) = 24$，所以 $[a, b] = [96, 72] = 96 \cdot \frac{72}{24} =288$

因为 $(a, b) = (49, 70) = 7$，所以 $[a, b] = [49, 70] = 49 \cdot \frac{70}{7} =490$

因为 $(a, b) = (26, 104) = 26$，所以 $[a, b] = [26, 104] = 104 \cdot \frac{26}{26} =104$

因为 $(a, b) = (63, 84) = 21$，所以 $[a, b] = [63, 84] = 63 \cdot \frac{84}{21} =252$

因为 $(a,b)=(58,87)=29$，所以 $[a,b]=[58,87]=58\cdot\frac{87}{29}=174$

因为 $(a,b)=(54,99)=9$，所以 $[a,b]=[54,99]=54\cdot\frac{99}{9}=594$

因为 $(a,b)=(23,19)=1$，所以 $[a,b]=[23,19]=23\cdot\frac{19}{1}=437$

【习题 14】（习题见本书第 70 页）

(1) 因为 $12=2^2\cdot3^1$，所以 $d(12)=\frac{2^3-1}{2-1}\cdot\frac{3^2-1}{3-1}=7\cdot\frac{8}{2}=28$

(2) 因为 $30=2^1\cdot3^1\cdot5^1$，所以 $d(30)=\frac{2^2-1}{2-1}\cdot\frac{3^2-1}{3-1}\cdot\frac{5^2-1}{5-1}=3\cdot\frac{8}{2}\cdot\frac{24}{4}=72$

(3) 因为 $54=2^1\cdot3^3$，所以 $d(54)=\frac{2^2-1}{2-1}\cdot\frac{3^4-1}{3-1}=3\cdot\frac{80}{2}=120$

(4) 因为 $96=2^5\cdot3^1$，所以 $d(96)=\frac{2^6-1}{2-1}\cdot\frac{3^2-1}{3-1}=63\cdot\frac{8}{2}=252$

(5) 因为 $91=7^1\cdot13^1$，所以 $d(91)=\frac{7^2-1}{7-1}\cdot\frac{13^2-1}{13-1}=\frac{48}{6}\cdot\frac{168}{12}=4\cdot28=112$

【习题 15】（习题见本书第 79 页）

盈　数：$12,18,20,24,30,36,40,42,48,54,56,60,66,70,72,78,80,$
　　　　$84,88,90,96,100$。

完满数：$6,28$。

其余为亏数。

218

【习题 16】（习题见本书第 89 页）

十进制	432	2653	86	1000
二进制	110110000	101001011101	1010110	1111101000
三进制	121000	10122021	10012	1101001
七进制	1155	10510	152	2626
八进制	660	5135	126	1750
九进制	530	3567	105	1331

【习题 17】（习题见本书第 91 页）

(1) $314 \to 3 \cdot 8^2 + 1 \cdot 8^1 + 4 = 192 + 8 + 4 = 204$

$477 \to 4 \cdot 8^2 + 7 \cdot 8^1 + 7 = 256 + 56 + 7 = 319$

$1000 \to 1 \cdot 8^3 + 0 \cdot 8^2 + 0 \cdot 8^1 + 0 = 512$

$3005 \to 3 \cdot 8^3 + 0 \cdot 8^2 + 0 \cdot 8^1 + 5 = 3 \cdot 512 + 5 = 1541$

(2) $1111 \to 1 \cdot 5^3 + 1 \cdot 5^2 + 1 \cdot 5^1 + 1 = 125 + 25 + 5 + 1 = 156$

$2233 \to 2 \cdot 5^3 + 2 \cdot 5^2 + 3 \cdot 5^1 + 3 = 250 + 50 + 15 + 3 = 318$

$4021 \to 4 \cdot 5^3 + 0 \cdot 5^2 + 2 \cdot 5^1 + 1 = 500 + 10 + 1 = 511$

$3000 \to 3 \cdot 5^3 + 0 \cdot 5^2 + 0 \cdot 5^1 + 0 = 3 \cdot 125 = 375$

【习题 18】（习题见本书第 93 页）

$10 = 2^3 + 2 \to 1010$

$20 = 2^4 + 2^2 \to 10100$

$17 = 2^4 + 1 \rightarrow 10001$

$100 = 2^6 + 2^5 + 2^2 \rightarrow 1100100$

$43 = 2^5 + 2^3 + 2^1 + 1 \rightarrow 101011$

$31 = 2^4 + 2^3 + 2^2 + 2^1 + 1 \rightarrow 11111$

$95 = 2^6 + 2^4 + 2^3 + 2^2 + 2^1 + 1 \rightarrow 1011111$

$63 = 2^5 + 2^4 + 2^3 + 2^2 + 2^1 + 1 \rightarrow 111111$

【习题 19】（习题见本书第 95 页）

$29 \times 7 = 29 \times (2^2 + 2^1 + 1) = 116 + 58 + 29 = 203$

$32 \times 19 = 19 \times 2^5 = 608$

$41 \times 25 = 41 \times (2^4 + 2^3 + 1) = 656 + 328 + 41 = 1025$

$17 \times 33 = 33 \times (2^4 + 1) = 528 + 33 = 561$

$58 \times 45 = 58 \times (2^5 + 2^3 + 2^2 + 1) = 1856 + 464 + 232 + 58$

$\qquad = 2320 + 290 = 2610$

$26 \times 14 = 26 \times (2^3 + 2^2 + 2^1) = 208 + 104 + 52 = 364$

$81 \times 95 = 95 \times (2^6 + 2^4 + 1) = 6080 + 1520 + 95 = 7695$

$36 \times 39 = 39 \times (2^5 + 2^2) = 1248 + 156 = 1404$

$49 \times 59 = 59 \times (2^5 + 2^4 + 1) = 1888 + 944 + 59 = 2891$

$38 \times 27 = 27 \times (2^5 + 2^2 + 2^1) = 864 + 108 + 54 = 1026$

【习题 20】（习题见本书第 98 页）

因为 $a = 27 = 2^4 + 2^3 + 2^1 + 1 \rightarrow 11011$, $b = 23 = 2^4 + 2^2 + 2^1 + 1 \rightarrow 10111$, $c = 10 = 2^3 + 2^1 \rightarrow 1010$

$$
\begin{array}{r}
a\cdots\cdots \quad 11011 \\
b\cdots\cdots \quad 10111 \\
c\cdots\cdots + \ 01010 \\
\hline
22132
\end{array}
$$

所以，应该先从数量为 $b(23)$ 的棋子堆中取出 2 进制下的 110 颗棋子，也就是十进制下的 6 颗。

【习题 21】（习题见本书第 99 页）

(1)
$$
\begin{array}{r}
a\cdots\cdots \quad 1001 \\
b\cdots\cdots \quad 1000 \\
c\cdots\cdots \quad 0111 \\
d\cdots\cdots + \ 0110 \\
\hline
2222
\end{array}
$$

因为这种情况所有位数上的数字之和均为偶数，所以无论如何都不可能先手必胜。

(2)
$$a\cdots\cdots\quad 100010$$
$$b\cdots\cdots\quad 001111$$
$$c\cdots\cdots\quad 011000$$
$$d\cdots\cdots\ +\ 010010$$
$$\overline{\qquad 122131}$$

在这种情况中，只要 a 变为 101（二进制）即可。由 $100010 - 101 =$ 11101（二进制）可知，应该先从数量为 $a(34)$ 的棋子堆中取出 29 颗棋子。

(3)
$$a\cdots\cdots\quad 0110$$
$$b\cdots\cdots\quad 0100$$
$$c\cdots\cdots\quad 1010$$
$$d\cdots\cdots\ +\ 1101$$
$$\overline{\qquad 2221}$$

在这种情况中，只要 d 变为 1100（二进制）即可。由 $1101 - 1100 = 1$（二进制）可知，应该先从数量为 $d(13)$ 的棋子堆中取出 1 颗棋子。

(4)
$$a\cdots\cdots\quad 011101$$
$$b\cdots\cdots\quad 000001$$
$$c\cdots\cdots\quad 011110$$
$$d\cdots\cdots\ +\ 100010$$
$$\overline{\qquad 122222}$$

在这种情况中，只要 d 变为 10（二进制）即可。由 $100010 - 10 =$ 100000（二进制）可知，应该先从数量为 $d(34)$ 的棋子堆中取出 32 颗棋子。

(5)

$$
\begin{array}{l}
a\cdots\cdots \quad 101010 \\
b\cdots\cdots \quad 100011 \\
c\cdots\cdots \quad 101000 \\
d\cdots\cdots \, +\, 100101 \\
\hline
400122
\end{array}
$$

在这种情况中，只要 d 变为 100001（二进制）即可。由 100101 −
100001 = 100（二进制）可知，应该先从数量为 $d(37)$ 的棋子堆中取
出 4 颗棋子。

【习题 22】（习题见本书第 105 页）

	日	一	二	三	四	五	六
余数	0	1	2	3	4	5	6

解答本题需要参考上表。

通过计算可知，1973 年 4 月 1 日相当于从 1973 年 1 月 1 日开始的
第 31 + 28 + 31 + 1 = 91 天，91 除以 7 时余数为 0。对照上表可知，
1973 年 4 月 1 日为星期日。

同理，1973 年 9 月 25 日相当于从 1973 年 1 月 1 日开始的第 31 +
28 + 31 + 30 + 31 + 30 + 31 + 31 + 25 = 268 天，268 除以 7 时余
数为 2，因此 1973 年 9 月 25 日为星期二。

1973 年 11 月 23 日相当于从 1973 年 1 月 1 日开始的第 31 + 28 + 31 +
30 + 31 + 30 + 31 + 31 + 30 + 31 + 23 = 327 天，327 除以 7 时余

数为 5。因此由上表可知，1973 年 11 月 23 日为星期五。

【习题 23 】（习题见本书第 105 页）

因为从 1973 年到 1999 年的 27 年间共出现 6 次闰年（分别为 1976 年，1980 年，1984 年，1988 年，1992 年及 1996 年），所以 2000 年 1 月 1 日相当于从 1973 年 1 月 1 日开始的第 $365 \times 27 + 6 + 1 = 9862$ 天。9862 除以 7 时余数为 6，因此根据星期和余数的对应表可知，2000 年 1 月 1 日为星期六。

【习题 24 】（习题见本书第 109 页）

(1) $2 \equiv 35 \equiv 79, 25 \equiv 58 \equiv 69 \pmod{11}$

(2) $63 \equiv 91, 8 \equiv 50, 23 \equiv 37, 12 \equiv 68, 6 \equiv 41 \pmod 7$

(3) $20 \equiv 139, 26 \equiv 43 \equiv 77 \pmod{17}$

【习题 25 】（习题见本书第 110 页）

(1) $-6 \equiv 8, 2 \equiv 9, -3 \equiv 4, -2 \equiv 5 \pmod 7$

(2) $-10 \equiv 16, -9 \equiv 30, 11 \equiv 50 \pmod{13}$

【习题 26 】（习题见本书第 120 页）

(1) 因为 $2000 - 1973 = 27, 27 \equiv 7 \pmod{10}, 27 \equiv 3 \pmod{12}$，所以如果 1973 年的天干为"癸"，那么 2000 年则对应着"癸"之后的第 7 个天干"庚"；如果 1973 年的地支为"丑"，那么 2000 年

则对应着"丑"之后的第 3 个地支"辰"。

因此，2000 年的天干地支为庚辰。

(2) 根据 $31 \equiv 3, 30 \equiv 2, 28 \equiv 0 \pmod 7$，以平年的 1 月 1 日为基准

（将其设定为 0），利用 $(\mathrm{mod}\ 7)$ 来计算各个月的 1 日是第几天。

由此可知

1 月 1 日……0

2 月 1 日……3　　　　$(\mathrm{mod}\ 7)$

3 月 1 日……$3 + 0 \equiv 3 \pmod 7$

4 月 1 日……$3 + 3 \equiv 6 \pmod 7$

5 月 1 日……$6 + 2 \equiv 1 \pmod 7$

6 月 1 日……$1 + 3 \equiv 4 \pmod 7$

7 月 1 日……$4 + 2 \equiv 6 \pmod 7$

8 月 1 日……$6 + 3 \equiv 2 \pmod 7$

9 月 1 日……$2 + 3 \equiv 5 \pmod 7$

10 月 1 日……$5 + 2 \equiv 0 \pmod 7$

11 月 1 日……$0 + 3 \equiv 3 \pmod 7$

12 月 1 日……$3 + 2 \equiv 5 \pmod 7$

因为此时数一致的月份即为星期分布一致的月份，所以 1 月和 10 月，2 月、3 月和 11 月，4 月和 7 月，9 月和 12 月分别是星期分布一致的月份。

【习题 27】（习题见本书第 131 页）

观察个位上的数可知，(1)65, (4)1329 无法被 2 整除。

(2)128, (3)610, (5)24096 能被 2 整除。

【习题 28】（习题见本书第 133 页）

(1) 因为 $298 \equiv 2 + 9 + 8 \equiv 1 \pmod{3}$，所以其除以 3 时余数为 1。

(2) 因为 $486 \equiv 4 + 8 + 6 \equiv 0 \pmod{3}$，所以其除以 3 时余数为 0。

(3) 因为 $779 \equiv 7 + 7 + 9 \equiv 2 \pmod{3}$，所以其除以 3 时余数为 2。

(4) 因为 $2982104 \equiv 2 + 9 + 8 + 2 + 1 + 0 + 4 \equiv 2 \pmod{3}$，所以其除以 3 时余数为 2。

【习题 29】（习题见本书第 136 页）

(1) 因为 $20485 \equiv 485 - 20 \equiv 465 \equiv 45 \equiv 3 \pmod{7}$，所以其除以 7 时余数为 3。

(2) 因为 $856341 \equiv 341 - 856 \equiv 3 \pmod{7}$，所以其除以 7 时余数为 3。

(3) 因为 $345679 \equiv 679 - 345 \equiv 334 \equiv 5 \pmod{7}$，所以其除以 7 时余数为 5。

【习题 30】（习题见本书第 140 页）

(1) (i) 因为 $3584 \equiv 3 + 5 + 8 + 4 \equiv 2 \pmod{9}$，所以除以 9 时余数为 2。

(ii) 因为 $111111 \equiv 1+1+1+1+1+1 \equiv 6 \pmod 9$，所以除以 9 时余数为 6。

(iii) 因为 $7275 \equiv 7+2+7+5 \equiv 3 \pmod 9$，所以除以 9 时余数为 3。

(iv) 因为 $1606 \equiv 1+6+0+6 \equiv 4 \pmod 9$，所以除以 9 时余数为 4。

(v) 因为 $9234 \equiv 9+2+3+4 \equiv 0 \pmod 9$，所以除以 9 时余数为 0。

(vi) 因为 $333 \equiv 3+3+3 \equiv 0 \pmod 9$，所以除以 9 时余数为 0。

(2) (i) 因为 $4567 \equiv (5+7)-(4+6) \equiv 2 \pmod{11}$，所以除以 11 时余数为 2。

(ii) 因为 $827 \equiv (8+7)-2 \equiv 2 \pmod{11}$，所以除以 11 时余数为 2。

(iii) 因为 $726 \equiv (7+6)-2 \equiv 0 \pmod{11}$，所以除以 11 时余数为 0。

(iv) 因为 $11111 \equiv 3-2 \equiv 1 \pmod{11}$，所以除以 11 时余数为 1。

【习题 31】（习题见本书第 148 页）

(1) 因为 $(3,5)=1$，所以可以根据定理 18 进行求解。

$\varphi(5)=4$

$$x \equiv 3^{4-1} \cdot 2 \equiv 3^3 \cdot 2 \equiv 27 \cdot 2 \equiv 2 \cdot 2 \equiv 4 \pmod{5}$$

(2) 因为 $(7, 10) = 1$，所以可以根据定理 18 进行求解。

$$\varphi(10) = 4$$

$$x \equiv 7^{4-1} \cdot 6 \equiv 7^3 \cdot 6 \equiv 7^2 \cdot 7 \cdot 6 \equiv -7 \cdot 6 \equiv 8 \pmod{10}$$

(3) 因为 $(2, 9) = 1$，所以可以根据定理 18 进行求解。

$$\varphi(9) = 6$$

$$x \equiv 2^{6-1} \cdot 3 \equiv 2^5 \cdot 3 \equiv 2^3 \cdot 2^2 \cdot 3 \equiv -4 \cdot 3 \equiv 6 \pmod{9}$$

(4) 因为 $(5, 8) = 1$，所以可以根据定理 18 进行求解。

$$\varphi(8) = 4$$

$$x \equiv 5^{4-1} \cdot 2 \equiv 5^3 \cdot 2 \equiv 5^2 \cdot 5 \cdot 2 \equiv 10 \equiv 2 \pmod{8}$$

(5) 因为 $(3, 7) = 1$，所以可以根据定理 18 进行求解。

$$\varphi(7) = 6$$

$$x \equiv 3^{6-1} \cdot 10 \equiv 3^5 \cdot 10 \equiv 3^5 \cdot 3 \equiv 3^3 \cdot 3^3 \equiv (-1) \cdot (-1) \equiv 1 \pmod{7}$$

【习题 32】（习题见本书第 153 页）

因为 $12 = 2^3 \cdot 3, 18 = 2 \cdot 3^2, 16 = 2^4, 20 = 2^2 \cdot 5, 30 = 2 \cdot 3 \cdot 5, 24 = 2^3 \cdot 3,$

$91 = 7 \cdot 13, 100 = 2^2 \cdot 5^2, 96 = 2^5 \cdot 3, 210 = 2 \cdot 3 \cdot 5 \cdot 7$，所以

$$\varphi(12) = (2^2 - 2)(3 - 1) = 4, \varphi(18) = (2 - 1)(3^2 - 3) = 6,$$

$$\varphi(16) = 2^4 - 2^3 = 8,$$

$$\varphi(20) = (2^2 - 2)(5 - 1) = 8, \varphi(30) = (2 - 1)(3 - 1)(5 - 1) = 8,$$

$$\varphi(24) = (2^3 - 2^2)(3 - 1) = 8,$$

$$\varphi(91) = (7 - 1)(13 - 1) = 6 \cdot 12 = 72, \varphi(100) = (2^2 - 2)(5^2 - 5) = 40,$$

$$\varphi(96) = (2^5 - 2^4)(3 - 1) = 32,$$

$$\varphi(210) = (2 - 1)(3 - 1)(5 - 1)(7 - 1) = 48$$

【习题 33】（习题见本书第 156 页）

(1) 参考答案见下表。

$n = 15$		$n = 24$		$n = 30$		$n = 35$		$n = 42$		$n = 48$	
l	$\varphi(l)$	l	$\varphi(l)$	l	$\varphi(l)$	l	$\varphi(l)$	l	$\varphi(l)$	l	$\varphi(l)$
1	1	1	1	1	1	1	1	1	1	1	1
3	2	2	1	2	1	5	4	2	1	2	1
5	4	3	2	3	2	7	6	3	2	3	2
15	8	4	2	5	4	35	24	6	2	4	2
合计 15		6	2	6	2	合计 35		7	6	6	2
		8	4	10	4			14	6	8	4
		12	4	15	8			21	12	12	4
		24	8	30	8			42	12	16	8
		合计 24		合计 30				合计 42		24	8
										48	16
										合计 48	

(2) 小于 30 且与 30 互素的正整数为 $7, 11, 13, 17, 19, 23, 29$。这些数全都是素数。

【习题 34】（习题见本书第 161 页）

在 $(\bmod 7)$ 中，$1 \cdot 2 \cdot 3 \cdot 4 \cdot 5 \cdot 6 \equiv (2 \cdot 3 \cdot 6)(4 \cdot 5) \equiv 36 \cdot 20 \equiv 1 \cdot (-1) \equiv -1$

【习题 35】（习题见本书第 163 页）

$n=2$　因为 $1 \equiv -1 \pmod 2$，所以公式成立，$n=2$ 是素数。

$n=3$　因为 $1 \cdot 2 \equiv -1 \pmod 3$，所以公式成立，$n=3$ 是素数。

$n=4$　因为 $1 \cdot 2 \cdot 3 \equiv 2 \pmod 4$，所以公式不成立，$n=4$ 不是素数。

$n=5$　因为 $1 \cdot 2 \cdot 3 \cdot 4 \equiv 6 \cdot 4 \equiv -1 \pmod 5$，所以公式成立，$n=5$ 是素数。

$n=6$　因为 $1 \cdot 2 \cdot 3 \cdot 4 \cdot 5 \equiv 0 \pmod 6$，所以公式不成立，$n=6$ 不是素数。

$n=7$　因为 $1 \cdot 2 \cdot 3 \cdot 4 \cdot 5 \cdot 6 \equiv -1 \pmod 7$，所以公式成立，$n=7$ 是素数。

$n=8$　因为 $1 \cdot 2 \cdot 3 \cdot 4 \cdot 5 \cdot 6 \cdot 7 \equiv 0 \pmod 8$，所以公式不成立，$n=8$ 不是素数。

$n=9$　因为 $1 \cdot 2 \cdot 3 \cdot 4 \cdot 5 \cdot 6 \cdot 7 \cdot 8 \equiv 0 \pmod 9$，所以公式不成立，$n=9$ 不是素数。

$n=10$　因为 $1 \cdot 2 \cdot 3 \cdot 4 \cdot 5 \cdot 6 \cdot 7 \cdot 8 \cdot 9 \equiv 0 \pmod{10}$，所以公式不成立，$n=10$ 不是素数。

【习题 36】（习题见本书第 173 页）

(1) 同时满足 $x_1 \equiv 1 \pmod 5$，$x_1 \equiv 0 \pmod 7$ 的 x_1，可以写为 $x_1 = 7y_1$

因为

$7y_1 \equiv 2y_1 \equiv 1 \pmod{5}$

$3 \cdot 2y_1 \equiv 3 \cdot 1 \pmod{5}$

$1y_1 \equiv 3 \pmod{5}$

$y_1 \equiv 3 \pmod{5}$

所以，$x_1 = 7y_1 = 7 \cdot 3 = 21$。

同时满足 $x_2 \equiv 0 \pmod{5}, x_2 \equiv 1 \pmod{7}$ 的 x_2，可以写为 $x_2 = 5y_2$

因为

$5y_2 \equiv 1 \pmod{7}$

$3 \cdot 5y_2 \equiv 3 \cdot 1 \pmod{7}$

$1y_2 \equiv 3 \pmod{7}$

$y_2 \equiv 3 \pmod{7}$

所以，$x_2 = 5y_2 = 5 \cdot 3 = 15$。

因此，$x \equiv 2 \pmod{5}, x \equiv 3 \pmod{7}$ 的解为

$x \equiv 2 \cdot 21 + 3 \cdot 15 \equiv 42 + 45 \equiv 7 + 10 \equiv 17 \pmod{35}$

(2) 同时满足 $x_1 \equiv 1 \pmod{4}, x_1 \equiv 0 \pmod{9}, x_1 \equiv 0 \pmod{5}$ 的 x_1，

可以写为 $x_1 = 5 \cdot 9y_1 = 45y_1$

因为

$45y_1 \equiv 1y_1 \equiv 1 \pmod{4}$

$y_1 \equiv 1 \pmod{4}$

所以，$x_1 = 45y_1 = 45$。

同时满足 $x_2 \equiv 0 \pmod 4, x_2 \equiv 1 \pmod 9, x_2 \equiv 0 \pmod 5$ 的 x_2，

可以写为 $x_2 = 20y_2$

因为

$20y_2 \equiv 2y_2 \equiv 1 \pmod 9$

$4 \cdot 2y_2 \equiv 4 \cdot 1 \pmod 9$

$-y_2 \equiv 4 \pmod 9$

$y_2 \equiv -4 \equiv 5 \pmod 9$

所以，$x_2 = 20y_2 = 20 \cdot 5 = 100$。

同时满足 $x_3 \equiv 0 \pmod 4, x_3 \equiv 0 \pmod 9, x_3 \equiv 1 \pmod 5$ 的 x_3，

可以写为 $x_3 = 36y_3$

因为

$36y_3 \equiv 1y_3 \equiv 1 \pmod 5$

$y_3 \equiv 1 \pmod 5$

所以，$x_3 = 36y_3 = 36$。

因此，$x \equiv 1 \pmod 4, x \equiv 3 \pmod 9, x \equiv 2 \pmod 5$ 的解为

$x \equiv 1 \cdot 45 + 3 \cdot 100 + 2 \cdot 36 \equiv 45 + 300 + 72 \equiv 57 \pmod{180}$

(2) 同时满足 $x_1 \equiv 1 \pmod{15}, x_1 \equiv 0 \pmod 7, x_1 \equiv 0 \pmod{11}$ 的 x_1，

可以写为 $x_1 = 7 \cdot 11y_1 = 77y_1$

因为

$$77y_1 \equiv 2y_1 \equiv 1 \ (\text{mod } 15)$$

$$8 \cdot 2y_1 \equiv 16y_1 \equiv 1y_1 \equiv 8 \cdot 1 \ (\text{mod } 15)$$

$$y_1 \equiv 8 \ (\text{mod } 15)$$

所以，$x_1 = 77y_1 = 616$。

同时满足 $x_2 \equiv 0 \ (\text{mod } 15), x_2 \equiv 1 \ (\text{mod } 7), x_2 \equiv 0 \ (\text{mod } 11)$ 的 x_2，

可以写为 $x_2 = 165y_2$

因为

$$165y_2 \equiv 4y_2 \equiv 1 \ (\text{mod } 7)$$

$$2 \cdot 4y_2 \equiv 8y_2 \equiv 1y_2 \equiv 2 \cdot 1 \ (\text{mod } 7)$$

$$y_2 \equiv 2 \ (\text{mod } 7)$$

所以，$x_2 = 165y_2 = 165 \cdot 2 = 330$。

同时满足 $x_3 \equiv 0 \ (\text{mod } 15), x_3 \equiv 0 \ (\text{mod } 7), x_3 \equiv 1 \ (\text{mod } 11)$ 的 x_3，

可以写为 $x_3 = 105y_3$

因为

$$105y_3 \equiv 6y_3 \equiv 1 \ (\text{mod } 11)$$

$$2 \cdot 6y_3 \equiv 2 \cdot 1 \ (\text{mod } 11)$$

$$y_3 \equiv 2 \ (\text{mod } 11)$$

所以，$x_3 = 105y_3 = 210$。

因此，$x \equiv 3 \ (\text{mod } 15), x \equiv 0 \ (\text{mod } 7), x \equiv 2 \ (\text{mod } 11)$ 的解为

$$x \equiv 3 \cdot 616 + 0 \cdot 330 + 2 \cdot 210 \equiv 1848 + 420 \equiv 1113 \pmod{1155}$$

【习题 37】（习题见本书第 180 页）

因为 $10^1 \equiv 1 \pmod 3$，所以 $\frac{2}{3}$ 的循环节长度为 1。

通过实际计算可知，$\frac{2}{3} = 0.666\cdots = 0.\dot{6}$。

因为 $10^1 \equiv 1 \pmod 9$，所以 $\frac{5}{9}$ 的循环节长度为 1。

通过实际计算可知，$\frac{5}{9} = 0.555\cdots = 0.\dot{5}$。

因为 $10^2 \equiv 18, 10^3 \equiv 180 \equiv 16, 10^4 \equiv 160 \equiv -4, 10^5 \equiv -40 \equiv 1 \pmod{41}$，

所以 $\frac{7}{41}$ 的循环节长度为 5。

通过实际计算可知，$\frac{7}{41} = 0.17073170\cdots = 0.\dot{1}707\dot{3}$。

因为 $10^2 \equiv 26, 10^3 \equiv 260 \equiv 1 \pmod{37}$，所以 $\frac{4}{37}$ 的循环节长度为 3。

通过实际计算可知，$\frac{4}{37} = 0.108108\cdots = 0.\dot{1}0\dot{8}$。

【习题 38】（习题见本书第 181 页）

因为 $10^1 \equiv 1 \pmod 3$，所以 $\frac{5}{24} = \frac{5}{2^3 \cdot 3}$ 的小数部分从第 4 位开始循环，

且循环节长度为 1。通过实际计算可知，$\frac{5}{24} = 0.208333\cdots = 0.208\dot{3}$。

因为 $10^1 \equiv 1 \pmod 3$，所以 $\frac{11}{75} = \frac{11}{3 \cdot 5^2}$ 的小数部分从第 3 位开始循环，

且循环节长度为 1。通过实际计算可知，$\frac{11}{75} = 0.14666\cdots = 0.14\dot{6}$。

因为 $10^6 \equiv 1 \pmod 7$，所以 $\frac{13}{350} = \frac{13}{2 \cdot 5^2 \cdot 7}$ 的小数部分从第 3 位开始

循环，且循环节长度为 6。通过实际计算可知，

$\frac{13}{350} = 0.03714285714\cdots = 0.03\dot{7}1428\dot{5}$。

因为 $10^1 \equiv 1 \pmod 3$，所以 $\frac{7}{60} = \frac{7}{2^2 \cdot 3 \cdot 5}$ 的小数部分从第 3 位开始循环，

且循环节长度为 1。通过实际计算可知，$\frac{7}{60} = 0.11666\cdots = 0.11\dot{6}$。

【习题 39】（习题见本书第 190 页）

请参考附录中的原根表。

【习题 40】（习题见本书第 203 页）

$\pmod{11}$ 的加法表

╲	0	1	2	3	4	5	6	7	8	9	10
0	0	1	2	3	4	5	6	7	8	9	10
1	1	2	3	4	5	6	7	8	9	10	0
2	2	3	4	5	6	7	8	9	10	0	1
3	3	4	5	6	7	8	9	10	0	1	2
4	4	5	6	7	8	9	10	0	1	2	3
5	5	6	7	8	9	10	0	1	2	3	4
6	6	7	8	9	10	0	1	2	3	4	5
7	7	8	9	10	0	1	2	3	4	5	6
8	8	9	10	0	1	2	3	4	5	6	7
9	9	10	0	1	2	3	4	5	6	7	8
10	10	0	1	2	3	4	5	6	7	8	9

(mod 11) 的乘法表

	0	1	2	3	4	5	6	7	8	9	10
0	0	0	0	0	0	0	0	0	0	0	0
1	0	1	2	3	4	5	6	7	8	9	10
2	0	2	4	6	8	10	1	3	5	7	9
3	0	3	6	9	1	4	7	10	2	5	8
4	0	4	8	1	5	9	2	6	10	3	7
5	0	5	10	4	9	3	8	2	7	1	6
6	0	6	1	7	2	8	3	9	4	10	5
7	0	7	3	10	6	2	9	5	1	8	4
8	0	8	5	2	10	7	4	1	9	6	3
9	0	9	7	5	3	1	10	8	6	4	2
10	0	10	9	8	7	6	5	4	3	2	1

通过上表可知，1 的逆元为 1，2 的逆元为 6，3 的逆元为 4，4 的逆元为 3，5 的逆元为 9，6 的逆元为 2，7 的逆元为 8，8 的逆元为 7，9 的逆元为 5，10 的逆元为 10。因此，(mod 11) 的剩余类构成了有限域。

(mod 13) 的加法表

	0	1	2	3	4	5	6	7	8	9	10	11	12
0	0	1	2	3	4	5	6	7	8	9	10	11	12
1	1	2	3	4	5	6	7	8	9	10	11	12	0
2	2	3	4	5	6	7	8	9	10	11	12	0	1
3	3	4	5	6	7	8	9	10	11	12	0	1	2
4	4	5	6	7	8	9	10	11	12	0	1	2	3
5	5	6	7	8	9	10	11	12	0	1	2	3	4
6	6	7	8	9	10	11	12	0	1	2	3	4	5
7	7	8	9	10	11	12	0	1	2	3	4	5	6
8	8	9	10	11	12	0	1	2	3	4	5	6	7
9	9	10	11	12	0	1	2	3	4	5	6	7	8
10	10	11	12	0	1	2	3	4	5	6	7	8	9
11	11	12	0	1	2	3	4	5	6	7	8	9	10
12	12	0	1	2	3	4	5	6	7	8	9	10	11

236

(mod 13) 的乘法表

	0	1	2	3	4	5	6	7	8	9	10	11	12
0	0	0	0	0	0	0	0	0	0	0	0	0	0
1	0	1	2	3	4	5	6	7	8	9	10	11	12
2	0	2	4	6	8	10	12	1	3	5	7	9	11
3	0	3	6	9	12	2	5	8	11	1	4	7	10
4	0	4	8	12	3	7	11	2	6	10	1	5	9
5	0	5	10	2	7	12	4	9	1	6	11	3	8
6	0	6	12	5	11	4	10	3	9	2	8	1	7
7	0	7	1	8	2	9	3	10	4	11	5	12	6
8	0	8	3	11	6	1	9	4	12	7	2	10	5
9	0	9	5	1	10	6	2	11	7	3	12	8	4
10	0	10	7	4	1	11	8	5	2	12	9	6	3
11	0	11	9	7	5	3	1	12	10	8	6	4	2
12	0	12	11	10	9	8	7	6	5	4	3	2	1

通过上表可知，1 的逆元为 1，2 的逆元为 7，3 的逆元为 9，4 的逆元为 10，5 的逆元为 8，6 的逆元为 11，7 的逆元为 2，8 的逆元为 5，9 的逆元为 3，10 的逆元为 4，11 的逆元为 6，12 的逆元为 12。因此，(mod 13) 的剩余类构成了有限域。

【习题 41】（习题见本书第 210 页）

若 p 为素数，则 (mod p) 必然存在原根，而且素数 p 的剩余类 $1, 2, 3, \cdots, p-1$ 均可用一个确定的原根 x 的乘方 $x^i (i = 1, 2, 3, \cdots, p-1)$ 表示。所以

$$1 \cdot 2 \cdot 3 \cdot \cdots \cdot (p-1) \equiv x^1 \cdot x^2 \cdot x^3 \cdot \cdots \cdot x^{p-1}$$
$$\equiv x^{1+2+3+\cdots+p-1} \quad (\text{mod } p)$$

若使用高斯在小学时使用的计算方法对 $1 + 2 + 3 + \cdots + p - 1$ 进行计算，则

$$1 + 2 + 3 + \cdots + p - 1 = \{1 + (p-1)\} \times \frac{p-1}{2} = \frac{p(p-1)}{2}$$

根据费马小定理，若使用 $x^p \equiv x \pmod{p}$，则

$$x^{1+2+3+\cdots+p-1} \equiv x^{p(p-1)/2} \equiv (x^p)^{(p-1)/2}$$
$$\equiv x^{(p-1)/2} \pmod{p}$$

在此对 $x^{(p-1)/2}$ 进行 2 次方运算后可得 x^{p-1}，根据费马小定理可知该值为 1，所以

$$x^{(p-1)/2} \equiv 1 \text{ 或者 } x^{(p-1)/2} \equiv -1$$

因为 $x^{(p-1)/2} \equiv -1$ 与 x 为原根的前提矛盾，所以

$$x^{(p-1)/2} \equiv -1 \pmod{p}$$
$$1 \cdot 2 \cdot 3 \cdot \cdots \cdot (p-1) \equiv -1 \pmod{p}$$

Appendix

附　录

- ◉ 最小素因数表（1 ~ 4599）

- ◉ 指标表（3 ~ 97 的素数）

- ◉ 原根表（1000 以下的素数）

最小素因数表（1～4599）

N	01	03	07	09	11	13	17	19	21	23	27	29	31	33	37	39	41	43	47	49
0	–	–	–	3	–	–	–	–	3	–	3	–	–	3	–	3	–	–	–	7
1	–	–	–	–	3	–	3	7	11	3	–	3	–	7	–	–	3	11	3	–
2	3	7	3	11	–	3	7	3	13	–	–	–	3	–	3	–	–	3	13	3
3	7	3	–	3	–	–	–	11	3	17	3	7	–	3	–	3	11	7	–	–
4	–	13	11	–	3	7	3	–	–	3	7	3	–	–	19	–	3	–	3	–
5	3	–	3	–	7	3	11	3	–	–	17	23	3	13	3	7	–	3	–	3
6	–	3	–	3	13	–	–	–	3	7	3	17	–	3	7	3	–	–	–	11
7	–	19	7	–	3	23	3	–	7	3	–	3	17	–	11	–	3	–	3	7
8	3	11	3	–	–	3	19	3	–	–	–	–	3	7	3	–	29	3	7	3
9	17	3	–	3	–	11	7	–	3	13	3	–	7	3	–	3	–	23	–	13
10	7	17	19	–	3	–	3	–	–	3	13	3	–	–	17	–	3	7	3	–
11	3	–	3	–	11	3	–	3	19	–	7	–	3	11	3	17	7	3	31	3
12	–	3	17	3	7	–	–	23	3	–	3	–	–	3	–	3	17	11	29	–
13	–	–	–	7	3	13	3	–	–	3	–	3	11	31	7	13	3	17	3	19
14	3	23	3	–	17	3	13	3	7	–	–	–	3	–	3	–	11	3	–	3
15	19	3	11	3	–	17	37	7	3	–	3	11	–	3	29	3	23	–	7	–
16	–	7	–	–	3	–	3	–	–	3	–	3	7	23	–	11	3	31	3	17
17	3	13	3	–	29	3	17	3	–	–	11	7	3	–	3	37	–	3	–	3
18	–	3	13	3	–	7	23	17	3	–	3	31	–	3	11	3	7	19	–	43
19	–	11	–	23	3	–	3	19	17	3	41	3	–	–	13	7	3	29	3	–
20	3	–	3	7	–	3	–	3	43	7	–	–	3	19	3	–	13	3	23	3
21	11	3	7	3	–	–	29	13	3	11	3	–	–	3	–	3	–	–	19	7
22	31	–	–	47	3	–	3	7	–	3	17	3	23	7	–	–	3	–	3	13
23	3	7	3	–	–	3	7	3	11	23	13	17	3	–	3	–	–	3	–	3
24	7	3	29	3	–	19	–	41	3	–	3	7	11	3	–	3	–	7	–	31
25	41	–	23	13	3	7	3	11	–	3	7	3	–	17	43	–	3	–	3	–
26	3	19	3	–	7	3	–	3	–	43	37	11	3	–	3	7	19	3	–	3
27	37	3	–	3	–	–	11	–	3	7	3	–	–	3	7	3	–	13	41	–
28	–	–	7	53	3	29	3	–	7	3	11	3	19	–	–	17	3	–	3	7
29	3	–	3	–	41	3	–	3	23	37	–	29	3	7	3	–	17	3	7	3
30	–	3	31	3	–	23	7	–	3	–	3	13	7	3	–	3	–	17	11	–
31	7	29	13	–	3	11	3	–	–	3	53	3	31	13	–	43	3	7	3	47
32	3	–	3	–	13	3	–	3	–	11	7	–	3	53	3	41	7	3	17	3
33	–	3	–	3	7	–	31	–	3	–	3	–	–	3	47	3	13	–	–	17
34	19	41	–	7	3	–	3	13	11	3	23	3	47	–	7	19	3	11	3	–
35	3	31	3	11	–	3	–	3	7	13	–	–	3	–	3	–	–	3	–	3
36	13	3	–	3	23	–	–	7	3	–	3	19	–	3	–	3	11	–	7	41
37	–	7	11	–	3	47	3	–	61	3	–	3	7	–	37	–	3	19	3	23
38	3	–	3	13	–	3	11	3	–	–	43	7	3	–	3	11	23	3	–	3
39	47	3	–	3	–	7	–	–	3	–	3	–	–	3	31	3	7	–	–	11
40	–	–	–	19	3	–	3	–	–	3	–	3	29	37	11	7	3	13	3	–
41	3	11	3	7	–	3	23	3	13	7	–	–	3	–	3	–	41	3	11	3
42	–	3	7	3	–	11	–	–	3	41	3	–	–	3	19	3	–	–	31	7
43	11	13	59	31	3	19	3	7	29	3	–	3	61	7	–	–	3	43	3	–
44	3	7	3	–	11	3	7	3	–	–	19	43	3	11	3	23	–	3	–	3
45	7	3	–	3	13	–	–	–	3	–	3	7	23	3	13	3	19	7	–	–
N	01	03	07	09	11	13	17	19	21	23	27	29	31	33	37	39	41	43	47	49

【最小素因数的查询方法】（参考本书第 39 页）

※ 表中的"–"表示素数，斜体的数字表示最小素因数。

※ 左侧纵列表示想要查询的数字的前两位，上方和下方的横列加粗字体表示该数的后两位。

例如，查询"4579"的素因数分解结果，要先从纵列中找到前两位 45，再从横列中找到后两位 79，位于两列相交处的数 19 就是 4579 的最小素因数。然后，通过除法运算 4579 ÷ 19 ＝ 241，继续寻找 241 的最小素因数，以此类推。

N	51	53	57	59	61	63	67	69	71	73	77	79	81	83	87	89	91	93	97	99
0	3	–	3	–	–	3	–	3	–	–	7	–	3	–	3	–	7	3	–	3
1	–	3	–	3	7	–	–	13	3	–	3	–	–	3	11	3	–	–	–	–
2	–	11	–	7	3	–	3	–	–	3	–	3	–	–	7	17	3	–	3	13
3	3	–	3	–	19	3	–	3	7	–	13	–	3	–	3	–	17	3	–	3
4	11	3	–	3	–	–	–	7	3	11	3	–	13	3	–	3	–	17	7	–
5	19	7	–	13	3	–	3	–	–	3	–	3	7	11	–	19	3	–	3	–
6	3	–	3	–	–	3	23	3	11	–	–	7	3	–	3	13	–	3	17	3
7	–	3	–	3	–	7	13	–	3	–	3	19	11	3	–	3	7	13	–	17
8	23	–	–	–	3	–	3	11	13	3	–	3	–	–	–	7	3	19	3	29
9	3	–	3	7	31	3	–	3	–	7	–	11	3	–	3	23	–	3	–	3
10	–	3	7	3	–	–	11	–	3	29	3	13	23	3	–	3	–	–	–	7
11	–	–	13	19	3	–	3	7	–	3	11	3	–	7	–	29	3	–	3	11
12	3	7	3	–	13	3	7	3	31	19	–	–	3	–	3	–	–	3	–	3
13	7	3	23	3	–	29	–	37	3	–	3	7	–	3	19	3	13	7	11	–
14	–	–	31	–	3	7	3	13	–	3	7	3	–	–	–	–	3	–	3	–
15	3	–	3	–	7	3	–	3	–	11	19	–	3	–	3	7	37	3	–	3
16	13	3	–	3	11	–	–	–	3	7	3	23	41	3	7	3	19	–	–	–
17	17	–	7	–	3	41	3	29	7	3	–	3	13	–	–	–	3	11	3	7
18	3	17	3	11	–	3	–	3	–	–	–	–	3	7	3	–	31	3	7	3
19	–	3	19	3	37	13	7	11	3	–	3	–	7	3	–	3	11	–	–	–
20	7	–	11	29	3	–	3	–	19	3	31	3	–	–	–	–	3	7	3	–
21	3	–	3	17	–	3	11	3	13	41	7	–	3	37	3	11	7	3	13	3
22	–	3	37	3	7	31	–	–	3	–	3	43	–	3	–	3	29	–	–	11
23	–	13	–	7	3	17	3	23	–	3	–	3	–	–	7	–	3	–	3	–
24	3	11	3	–	23	3	–	3	7	–	–	37	3	13	3	19	47	3	11	3
25	–	3	–	3	13	11	17	7	3	31	3	–	29	3	13	3	–	–	7	23
26	11	7	–	–	3	–	3	17	–	3	–	3	7	–	–	–	3	–	3	–
27	3	–	3	31	11	3	–	3	17	47	–	7	3	11	3	–	–	3	–	3
28	–	3	–	3	–	7	47	19	3	13	3	–	43	3	–	3	7	11	–	13
29	13	–	–	11	3	–	3	–	–	3	13	3	11	19	29	7	3	41	3	–
30	3	43	3	7	–	3	–	3	37	7	17	–	3	–	3	–	11	3	19	3
31	23	3	7	3	29	–	–	–	3	19	3	11	–	3	–	3	–	31	23	7
32	–	–	–	–	3	13	3	7	–	3	29	3	17	7	19	11	3	37	3	–
33	3	7	3	–	–	3	7	3	–	–	11	31	3	17	3	–	–	3	43	3
34	7	3	–	3	–	–	–	–	3	23	3	7	59	3	11	3	–	7	13	–
35	53	11	–	–	3	7	3	43	–	3	7	3	–	–	17	37	3	–	3	59
36	3	13	3	–	7	3	19	3	–	–	–	13	3	29	3	7	–	3	–	3
37	11	3	13	3	–	53	–	–	3	7	3	–	19	3	7	3	17	–	–	29
38	–	–	7	17	3	–	3	53	7	3	–	3	–	11	13	–	3	17	3	7
39	3	59	3	37	17	3	–	3	11	29	41	23	3	7	3	–	13	3	7	3
40	–	3	–	3	31	17	7	13	3	–	3	–	7	3	61	3	–	–	17	–
41	7	–	–	–	3	23	3	11	43	3	–	3	37	47	53	59	3	7	3	13
42	3	–	3	–	–	3	17	3	–	–	7	11	3	–	3	–	7	3	–	3
43	19	3	–	3	7	–	11	17	3	–	3	29	13	3	41	3	–	23	–	53
44	–	61	–	7	3	–	3	41	17	3	11	3	–	–	7	67	3	–	3	11
45	3	29	3	47	–	3	–	3	7	17	23	19	3	–	3	13	–	3	–	3
N	51	53	57	59	61	63	67	69	71	73	77	79	81	83	87	89	91	93	97	99

指标表

素数 3

N	0	1	2	3	4	5	6	7	8	9
0		0	1							

素数 5

N	0	1	2	3	4	5	6	7	8	9
0		0	1	3	2					

素数 7

N	0	1	2	3	4	5	6	7	8	9
0		0	2	1	4	5	3			

素数 11

N	0	1	2	3	4	5	6	7	8	9
0		0	1	8	2	4	9	7	3	6
1	5									

素数 13

N	0	1	2	3	4	5	6	7	8	9
0		0	1	4	2	9	5	11	3	8
1	10	7	6							

素数 17

N	0	1	2	3	4	5	6	7	8	9
0		0	14	1	12	5	15	11	10	2
1	3	7	13	4	9	6	8			

素数 19

N	0	1	2	3	4	5	6	7	8	9
0		0	1	13	2	16	14	6	3	8
1	17	12	15	5	7	11	4	10	9	

素数 23

N	0	1	2	3	4	5	6	7	8	9
0		0	2	16	4	1	18	19	6	10
1	3	9	20	14	21	17	8	7	12	15
2	5	13	11							

素数 29

N	0	1	2	3	4	5	6	7	8	9
0		0	1	5	2	22	6	12	3	10
1	23	25	7	18	13	27	4	21	11	9
2	24	17	26	20	8	16	19	15	14	

素数 31

N	0	1	2	3	4	5	6	7	8	9
0		0	24	1	18	20	25	28	12	2
1	14	23	19	11	22	21	6	7	26	4
2	8	29	17	27	13	10	5	3	16	9
3	15									

素数 37

N	0	1	2	3	4	5	6	7	8	9
0		0	1	26	2	23	27	32	3	16
1	24	30	28	11	33	13	4	7	17	35
2	25	22	31	15	29	10	12	6	34	21
3	14	9	5	20	8	19	18			

素数 41

N	0	1	2	3	4	5	6	7	8	9
0		0	26	15	12	22	1	39	38	30
1	8	3	27	31	25	37	24	33	16	9
2	34	14	29	36	13	4	17	5	11	7
3	23	28	10	18	19	21	2	32	35	6
4	20									

素数 43

N	0	1	2	3	4	5	6	7	8	9
0		0	27	1	12	25	28	35	39	2
1	10	30	13	32	20	26	24	38	29	19
2	37	36	15	16	40	8	17	3	5	41
3	11	34	9	31	23	18	14	7	4	33
4	22	6	21							

素数 47

N	0	1	2	3	4	5	6	7	8	9
0		0	18	20	36	1	38	32	8	40
1	19	7	10	11	4	21	26	16	12	45
2	37	6	25	5	28	2	29	14	22	35
3	39	3	44	27	34	33	30	42	17	31
4	9	15	24	13	43	41	23			

素数 53

N	0	1	2	3	4	5	6	7	8	9
0		0	1	17	2	47	18	14	3	34
1	48	6	19	24	15	12	4	10	35	37
2	49	31	7	39	20	42	25	51	16	46
3	13	33	5	23	11	9	36	30	38	41
4	50	45	32	22	8	29	40	44	21	28
5	43	27	26							

素数 53

N	0	1	2	3	4	5	6	7	8	9
0		0	1	50	2	6	51	18	3	42
1	7	25	52	45	19	56	4	40	43	38
2	8	10	26	15	53	12	46	34	20	28
3	57	49	5	17	41	24	44	55	39	37
4	9	14	11	33	27	48	16	23	54	36
5	13	32	47	22	35	31	21	30	29	

素数 61

N	0	1	2	3	4	5	6	7	8	9
0		0	1	6	2	22	7	49	3	12
1	23	15	8	40	50	28	4	47	13	26
2	24	55	16	57	9	44	41	18	51	35
3	29	59	5	21	48	11	14	39	27	46
4	25	54	56	43	17	34	58	20	10	38
5	45	53	42	33	19	37	52	32	36	31
6	30									

素数 67

N	0	1	2	3	4	5	6	7	8	9
0		0	1	39	2	15	40	23	3	12
1	16	59	41	19	24	54	4	64	13	10
2	17	62	60	28	42	30	20	51	25	44
3	55	47	5	32	65	38	14	22	11	58
4	18	53	63	9	61	27	29	50	43	46
5	31	37	21	57	52	8	26	49	45	36
6	56	7	48	35	6	34	33			

素数 71

N	0	1	2	3	4	5	6	7	8	9
0		0	6	26	12	28	32	1	18	52
1	34	31	38	39	7	54	24	49	58	16
2	40	27	37	15	44	56	45	8	13	68
3	60	11	30	57	55	29	64	20	22	65
4	46	25	33	48	43	10	21	9	50	2
5	62	5	51	23	14	59	19	42	4	3
6	66	69	17	53	36	67	63	47	61	41
7	35									

素数 73

N	0	1	2	3	4	5	6	7	8	9
0		0	8	6	16	1	14	33	24	12
1	9	55	22	59	41	7	32	21	20	62
2	17	39	63	46	30	2	67	18	49	35
3	15	11	40	61	29	34	28	64	70	65
4	25	4	47	51	71	13	54	31	38	66
5	10	27	3	53	26	56	57	68	43	5
6	23	58	19	45	48	60	69	50	37	52
7	42	44	36							

素数 79

N	0	1	2	3	4	5	6	7	8	9
0		0	4	1	8	62	5	53	12	2
1	66	68	9	34	57	63	16	21	6	32
2	70	54	72	26	13	46	38	3	61	11
3	67	56	20	69	25	37	10	19	36	35
4	74	75	58	49	76	64	30	59	17	28
5	50	22	42	77	7	52	65	33	15	31
6	71	45	60	55	24	18	73	48	29	27
7	41	51	14	44	23	47	40	43	39	

素数 83

N	0	1	2	3	4	5	6	7	8	9
0		0	1	72	2	27	73	8	3	62
1	28	24	74	77	9	17	4	56	63	47
2	29	80	25	60	75	54	78	52	10	12
3	18	38	5	14	57	35	64	20	48	67
4	30	40	81	71	26	7	61	23	76	16
5	55	46	79	59	53	51	11	37	13	34
6	19	66	39	70	6	22	15	45	58	50
7	36	33	65	69	21	44	49	32	68	43
8	31	42	41							

素数 89

N	0	1	2	3	4	5	6	7	8	9
0		0	16	1	32	70	17	81	48	2
1	86	84	33	23	9	71	64	6	18	35
2	14	82	12	57	49	52	39	3	25	59
3	87	31	80	85	22	63	34	11	51	24
4	30	21	10	29	28	72	73	54	65	74
5	68	7	55	78	19	66	41	36	75	43
6	15	69	47	83	8	5	13	56	38	58
7	79	62	50	20	27	53	67	77	40	42
8	46	4	37	61	26	76	45	60	44	

素数 97

N	0	1	2	3	4	5	6	7	8	9
0		0	34	70	68	1	8	31	6	44
1	35	86	42	25	65	71	40	89	78	81
2	69	5	24	77	76	2	59	18	3	13
3	9	46	74	60	27	32	16	91	19	95
4	7	85	39	4	58	45	15	84	14	62
5	36	63	93	10	52	87	37	55	47	67
6	43	64	80	75	12	26	94	57	61	51
7	66	11	50	28	29	72	53	21	33	30
8	41	88	23	17	73	90	38	83	92	54
9	79	56	49	20	22	82	48			

原根表

p	g	p	g	p	g	p	g	p	g
2	1	151	6	353	3	577	5	811	3
3	2	157	5	359	7	587	2	821	2
5	2	163	2	367	6	593	3	823	3
7	3	167	5	373	2	599	7	827	2
11	2	173	2	379	2	601	7	829	2
13	2	179	2	383	5	607	3	839	11
17	3	181	2	389	2	613	2	853	2
19	2	191	19	397	5	617	3	857	3
23	5	193	5	401	3	619	2	859	2
29	2	197	2	409	21	631	3	863	5
31	3	199	3	419	2	641	3	877	2
37	2	211	2	421	2	643	11	881	3
41	6	223	3	431	7	647	5	883	2
43	3	227	2	433	5	653	2	887	5
47	5	229	6	439	15	659	2	907	2
53	2	233	3	443	2	661	2	911	17
59	2	239	7	449	3	673	5	919	7
61	2	241	7	457	13	677	2	929	3
67	2	251	6	461	2	683	5	937	5
71	7	257	3	463	3	691	3	941	2
73	5	263	5	467	2	701	2	947	2
79	3	269	2	479	13	709	2	953	3
83	2	271	6	487	3	719	11	967	5
89	3	277	5	491	2	727	5	971	6
97	5	281	3	499	7	733	6	977	3
101	2	283	3	503	5	739	3	983	5
103	5	293	2	509	2	743	5	991	6
107	2	307	5	521	3	751	3	997	7
109	6	311	17	523	2	757	2		
113	3	313	10	541	2	761	6		
127	3	317	2	547	2	769	11		
131	2	331	3	557	2	773	2		
137	3	337	10	563	2	787	2		
139	2	347	2	569	3	797	2		
149	2	349	2	571	3	809	3		

版 权 声 明